U0539393

文案寫作上手的第一本書

170個文案必備技巧，
無論是社群貼文、廣告宣傳還是企劃提案，
都能讓你的文案精準命中客群需求

COPYWRITING MADE SIMPLE

HOW TO WRITE POWERFUL AND PERSUASIVE COPY THAT SELLS

湯姆・奧爾布萊頓 TOM ALBRIGHTON 著　黃庭敏　譯

目次
CONTENTS

前言
從0到1,掌握文案寫作的策略與心法 ……………………… 015

PART I
策畫文案:下筆前的策略思考

Chapter 1
好好了解你的產品

文案的本質,是「銷售」………………………………… 025
產品要賣得出去,需要思考這些問題 …………………… 026
親自體驗,才能寫出真實感 ……………………………… 029
實地參訪,你會發現很寶貴的資訊 ……………………… 030
與客戶交談,獲得文案的靈感跟詞彙 …………………… 031
小心,別成為被知識「詛咒」的人 ……………………… 032

Chapter 2
「利益」,讓讀者心動的文字祕密

特色vs利益:你給的是「資訊」,還是「好處」?……… 037

沒有利益，讀者連看一眼都不願意 ⋯⋯⋯⋯⋯⋯⋯⋯⋯⋯⋯⋯ 038
「賣的不是香腸，而是煎香腸的滋滋作響」 ⋯⋯⋯⋯⋯⋯⋯ 040
利益，是有分「有形」跟「無形」的 ⋯⋯⋯⋯⋯⋯⋯⋯⋯⋯ 042
如何準確抓對利益？ ⋯⋯⋯⋯⋯⋯⋯⋯⋯⋯⋯⋯⋯⋯⋯⋯⋯⋯ 044
多一句「所以，這有什麼用？」多一句好文案 ⋯⋯⋯⋯⋯ 045
你產品的「獨特賣點」是什麼？ ⋯⋯⋯⋯⋯⋯⋯⋯⋯⋯⋯⋯ 046
消費者不同，追求的產品利益就不同 ⋯⋯⋯⋯⋯⋯⋯⋯⋯⋯ 047
當產品特色本身，就有足夠的利益價值⋯⋯⋯⋯⋯⋯⋯⋯⋯ 049

Chapter 3
由內而外，了解你的目標讀者

鎖定讀者，不要試圖討好所有人 ⋯⋯⋯⋯⋯⋯⋯⋯⋯⋯⋯⋯ 051
「讀者擁有怎樣的生活方式？」抓出消費者輪廓 ⋯⋯⋯⋯ 052
「讀者的需求又是什麼？」挖掘渴望 ⋯⋯⋯⋯⋯⋯⋯⋯⋯⋯ 055
「讀者有什麼感受？」引發共鳴 ⋯⋯⋯⋯⋯⋯⋯⋯⋯⋯⋯⋯ 059
了解讀者的最直接方法 ⋯⋯⋯⋯⋯⋯⋯⋯⋯⋯⋯⋯⋯⋯⋯⋯ 063
打造人物誌：讓目標客群的輪廓，立體再立體！ ⋯⋯⋯⋯ 064
想一想，你的文案目標是什麼？ ⋯⋯⋯⋯⋯⋯⋯⋯⋯⋯⋯⋯ 065

Chapter 4
有了好 brief，才有好文案

寫文案，也需要「規則書」 ⋯⋯⋯⋯⋯⋯⋯⋯⋯⋯⋯⋯⋯⋯ 069
寫下 brief，讓概念發展更順利 ⋯⋯⋯⋯⋯⋯⋯⋯⋯⋯⋯⋯⋯ 071

9大面向，讓你做好brief ……………………………………………… 072
標準的brief是怎樣的？範例參考 ……………………………… 075
Brief，策略思考的核心 …………………………………………… 076

PART II
撰寫文案：從開頭到結尾的寫作技藝

Chapter 5

8大標題設計技巧，讓下標變得簡單

閱讀標題的人數，是閱讀正文的五倍 ……………………………… 081
簡單直白型標題：直接表達，真誠有力 …………………………… 082
主題性標題：讓讀者知道「這是為你準備的」…………………… 083
利益式標題：告訴讀者可以得到什麼好處 ………………………… 084
懸念型標題：激發讀者的好奇心 …………………………………… 086
提問式標題：讓讀者下意識想找到答案 …………………………… 087
解釋類標題：保證讀者會得到洞見 ………………………………… 090
新訊型標題：人本能喜歡新鮮事 …………………………………… 091
命令式標題：塑造情境，激發讀者立刻行動 ……………………… 092

Chapter 6

架構抓得好，文案垮不了

為什麼文案架構很重要？ …………………………………………… 095

寫文案，也需要計畫 ··· 096
6大技巧，寫好文案開頭 ······································ 097
先寫中間內容，往往更輕鬆 ································· 100
AIDA：文案寫作公式的始祖 ································ 101
「提供問題的解方」，是架構文案的可靠方法 ········ 104
用「認知5大階段」，找到最精準的溝通切角 ········ 106
對象不同，情境不同，訴求也不同 ······················ 109
樹狀圖，可以為你的文案提供強大的架構 ············· 112
如果你有很多重要的事要說，就「列清單」吧 ······ 114
用「循序漸進」技巧，把話簡單說 ······················ 115
運用神奇的「3」，提升你的文案魔力 ··················· 118
好的圖文設計，是抓住眼球的最佳利器 ················ 120

Chapter 7
化被動為主動，打造高效轉換的CTA

CTA，讓讀者行動的臨門一腳 ······························ 123
基本技巧：果斷下指令 ······································ 124
CTA設計的兩大心法：利益與說服心理 ················ 125
簡潔，很重要 ·· 126
要讓讀者覺得，「這真是快速又簡單！」 ·············· 127
慢慢引導讀者，通過你的銷售漏斗 ······················ 128

PART III
升級文案：讓你的文案成效翻倍跳

Chapter 8
原來，創意鬼才是這樣發想的

究竟，什麼是「創意」文案？ …………………… 133
創意的重點不是炫技，而是「解決問題」 …………… 136
讓文案更有創意的20種策略 ………………………… 138
先寫下來，越簡潔越好 ……………………………… 139
要想得到好點子，你需要「對許多事情略知一二」 …… 140
用不同角度看產品，會有意想不到的驚喜 …………… 140
好文案，懂隱喻 ……………………………………… 142
對比，讓文案有更強的情緒衝擊力 …………………… 146
活用七宗罪、幸災樂禍心理……讓你的文案有料有笑 … 148
文字遊戲要玩得好，關鍵在…… ……………………… 151
一張圖像，勝過千言萬語 …………………………… 155
讓文案「暗藏玄機」，引爆解謎快感 ………………… 157
為你的文案投下「震撼彈」 ………………………… 160
「如果別人都向左轉，你就要向右轉」 ……………… 164
重新思考，那些你覺得理所當然的事 ………………… 166
靈感枯竭？用「重新定義」，讓產品脫胎換骨 ……… 167
從制裁花粉到夜晚決戰，如何用「戲劇性」抓住讀者？ … 169

從客戶見證到毛孩心聲,「換個視角」效果更驚人 ········ 170
把你的「弱點」,轉化成消費者信任的理由 ············ 175
讓文案,「打破第四面牆」 ····················· 176
借助趣味性,讓文案牢牢抓住讀者的興趣 ·············· 179
聰明跟風,搭上流量順風車 ····················· 181
靈感,是「觀察」來的 ························ 183
文案撰寫的黃金標準 ························· 183

Chapter 9
寫不下去時,就這樣找靈感

記住:大膽發想,不要回頭 ····················· 185
在原地無法找到好點子嗎?那就「換個地方」吧 ·········· 186
寫了就別停,邊寫邊改是大忌 ···················· 187
寫不出來?去睡覺吧 ························· 188
想不出好點子?不如先擠出「爛點子」 ··············· 189
善用「對」與「不行」,呵護脆弱的好點子 ············ 189

Chapter 10
讓你的文案,有滿滿的情緒價值

好文案,都有濃濃的「對話感」 ··················· 191
讓每一句文案,都像在對「你」說 ················· 192
小心!別只顧著迎合客戶 ······················ 193

想一想，讀者可能會有什麼反應？ ………………………………… 194
讓產品說話，讓口吻更自然 …………………………………………… 195
「如果看起來像在寫文章，我就會重寫」 ………………………… 197
你怎麼聊天，就怎麼寫文案 …………………………………………… 199
讓文案直白又有關鍵字，搜尋引擎也會愛上它 ………………… 200
從讀者的處境出發，讓他們在文案中找到自己 ………………… 203
抽象的文字千篇一律，具體的表達百裡挑一 …………………… 204
多用動詞，讓訊息直達人心 …………………………………………… 206
文案，要少用被動語態 ………………………………………………… 206
一個關鍵問題，讓文案「化虛為實」 ……………………………… 207
打開五感，寫出讓讀者身臨其境的文案 …………………………… 210
負面事，正面說 …………………………………………………………… 215
有時，文案該多加點「行話」跟「老哏」？ …………………… 217
壞文案講道理，好文案說故事 ………………………………………… 222

Chapter 11
好文案，是改出來的

所有的寫作，都是重寫 ………………………………………………… 229
寫文案，能簡則簡，能精就精！ ……………………………………… 232
為了讓文案切中要點，要「除掉你的寶貝」 …………………… 238
你是不是也犯了「打高空」的毛病？ ……………………………… 239
想像一下，如果你得為形容詞或副詞付錢 ……………………… 240

短文案好，還是長文案好？ 243
不同類型的文案，適合什麼樣的節奏？ 246
音律感，能大大增強文案的效力 246
想要說服別人嗎？押韻吧 249
頭韻，提升文案影響力的利器 250
如何讓文案力量十足？大膽命令對方吧！ 251
在寫得「清楚」與「正確」之間，一定要選⋯⋯ 253
檢查，檢查，再檢查 254

Chapter 12
心理武器在手，說服人心不愁

用一個故事，來談「說服」 257
說服，並不是硬推讀者過橋 259
你的文案，不需要翻轉讀者的世界觀 260
6大絕技，立刻升級文案說服力 260
洞悉文案背後的心理戰 277
無論你銷售什麼，最終賣的永遠是安心 278

Chapter 13
文案高手，都是心理學大師

「認知漏洞」，是文案的強大助力 285
「擁有感」，文案人的傳說級武器 286

多用「你的」一詞，激發讀者對損失的厭惡⋯⋯⋯⋯⋯⋯ 286
用「佛瑞效應」，讓任何人都能在文案中找到自己 ⋯⋯⋯⋯ 287
價格不是數學，而是心理學⋯⋯⋯⋯⋯⋯⋯⋯⋯⋯⋯⋯⋯ 289
用「沉沒成本」，刺激讀者下單⋯⋯⋯⋯⋯⋯⋯⋯⋯⋯⋯ 292
你可能不信，但這種說法真的讓人更想買單！⋯⋯⋯⋯⋯⋯ 293
用「隱藏指令」，悄悄影響讀者的決定⋯⋯⋯⋯⋯⋯⋯⋯ 294
用「雙重束縛」，讓讀者無法拒絕你的提案⋯⋯⋯⋯⋯⋯ 295
用「差異認知偏誤」，讓你的產品瞬間看起來更好⋯⋯⋯⋯ 295

Chapter 14
為你的品牌，找到正確的語氣

語氣，品牌個性的延伸⋯⋯⋯⋯⋯⋯⋯⋯⋯⋯⋯⋯⋯⋯⋯ 297
你的品牌，有沒有用「同一種語氣」說話？⋯⋯⋯⋯⋯⋯ 298
喜愛一個品牌，其實是喜歡它的「個性」⋯⋯⋯⋯⋯⋯⋯ 300
具有「價值」的品牌，才有強大的銷售力⋯⋯⋯⋯⋯⋯⋯ 301
首先，把品牌想像成一個「人」⋯⋯⋯⋯⋯⋯⋯⋯⋯⋯⋯ 302
品牌要「說人話」，細節很重要⋯⋯⋯⋯⋯⋯⋯⋯⋯⋯⋯ 304
品牌，要「實話實說」⋯⋯⋯⋯⋯⋯⋯⋯⋯⋯⋯⋯⋯⋯⋯ 306
抽絲剝繭，找出品牌的價值觀⋯⋯⋯⋯⋯⋯⋯⋯⋯⋯⋯⋯ 307
塑造品牌語氣，讓價值觀「發聲」⋯⋯⋯⋯⋯⋯⋯⋯⋯⋯ 310
就跟人一樣，品牌語氣也該隨著情況調整⋯⋯⋯⋯⋯⋯⋯ 315
8大要點，制定品牌語氣指南⋯⋯⋯⋯⋯⋯⋯⋯⋯⋯⋯⋯ 317

從高貴到活潑，5大品牌語氣範例 318

Chapter 15
如何面對客戶的「再改一下」？

文案人的改稿日常 325
對「修改與回饋」的應對心態 325
從客戶的角度看文案 326
收到修改意見後，給自己時間和空間去處理 327
客戶的要求，不等於客戶的「需求」 328
不想讓文案白改？先搞清楚這件事！ 329
請客戶提供範例，縮短認知差距 329
任何修改，都應該是有道理的 330
逐步解決，讓改稿更有系統 331

Chapter 16
掌握心法，不管寫哪種文案都上手

熟悉不同的文案類型，不怕寫不好文案 333
網頁文案：好的規劃，讓讀者在網站互動更久！ 333
聲音和影像腳本：清晰明瞭是王道 336
銷售信函：勾起潛在客戶的興趣，進一步互動 339
電子郵件文案：目標是，讓讀者期待點開你的信 342
展示型廣告：吸睛的圖文，讓廣告有1+1>2的成效 346

印刷品文案：文案的可讀性，在於結構 ……………………… 347
社群文案：讓你的貼文充滿生活感和吸引力 ……………… 351

結語
最好的文案，就是屬於你的文案 …………………………… 355

致謝 ………………………………………………………… 357

注釋 ………………………………………………………… 359

前言

從0到1，
掌握文案寫作的策略與心法

撰寫文案就像建造一座橋。
你的任務是讓讀者走過這座橋，嘗試新的體驗。

你真的認識「文案寫作」嗎？

寫作的理由有很多種。

你可能想講一個故事、創造美好的事物、表達自我，或分享你的知識；也可能你純粹熱愛寫作本身。

這些理由都很棒，但文案寫作卻不同。

文案寫作是有明確任務的寫作形式，具有實際的目標。通常是讓讀者用有別以往的方式去思考、感受或採取行動。

撰寫文案就像建造一座橋。一端是閱讀文案的讀者，另一端是你和你要推銷的東西。你的任務是讓讀者走過這座橋，嘗試新

的體驗。

然而，讀者未必準備好過橋。他們內心隱約有過橋的意願，但對於踏出第一步依然猶豫。他們也許能夠看到橋的另一端，但不確定那裡是什麼，甚至可能完全不知道橋的存在。

無論讀者當下的想法或感受如何，你都必須改變情況，促使他們採取不同的行動，跨越這座橋。

文案寫作就像說服讀者過橋

大多數文案的目的是銷售產品或服務，因此過橋意味著購買或試用某件商品。但你也可能是為了提供資訊、解釋想法，或為

理念爭取支持。如果是這樣，你想的是讓讀者**認同**，爭取他們的關注或支持，而非金錢上的付出。

文案出現在各種行銷資料中，例如廣告（印刷品、廣播和網路）、銷售信函、宣傳品和網站內容。文案也不斷出現在推文、貼文和動態更新裡，也會充斥於文章、白皮書，甚至書籍中，以及影片腳本和資訊圖表等不同類型的內容。無論形式如何，只要文字能為企業或組織帶來實際效果，那就是文案寫作的範疇。

有時候人們會覺得，科技的發展已經讓閱讀變為過時。但事實上，儘管我們現在使用許多不同的裝置和平台，但我們在這些裝置上所進行的活動，大部分仍然以文字為基礎。無論人們透過何種方式接收訊息，行銷內容都需要以書面形式呈現。因此，文案寫手的技能依然至關重要，甚至比以往更加不可或缺。

問題是，沒人在熱切等待你的文案

撰寫文案可能並不容易。要找到一個簡單又有力的想法，恐怕需要耗費大量時間，甚至令人感到沮喪。此外，將正確的想法有條理地組織起來，有時就像在沒有線索的情況下完成填字遊戲。就算你找到了強大且有說服力的文字，還要為它們賦予合適的個性。

更麻煩的是，讀者並不在意，沒有人熱切地等待你的文案。事實上，他們根本不願意閱讀你的內容。在讀者分心之前，你僅

有幾秒鐘的時間,來吸引他們的注意力。

如果你的讀者是在線上瀏覽,他們若發現內容乏味或混亂,還可能轉向其他眾多的網站。

如果他們在搭地鐵,他們寧願低頭滑臉書,也不會抬頭留意你的廣告。

要是他們在工作,早有一長串的待辦事項要去做,而研究你的產品只會成為另一個負擔。

如果他們從門墊上撿起你的郵件傳單,你必須趁他們走向回收箱之前,就說服他們。

這是否意味著文案注定無法奏效?絕對不是。這只是代表,你必須尊重讀者,給他們有趣的內容,並永遠記住他們也是人。

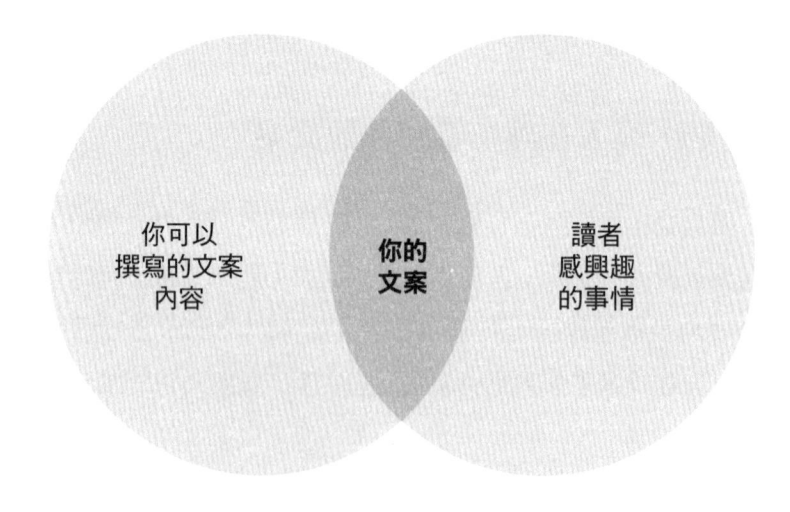

你可以撰寫的文案內容　　你的文案　　讀者感興趣的事情

人們會閱讀他們感興趣的內容,有時那正是一則廣告

傳奇文案大師霍華德・拉克・戈薩奇（Howard Luck Gossage）曾說：「人們會閱讀他們感興趣的內容，有時那正是一則廣告。」[1] 你的任務就是找到一個關鍵的交集，讓你的訊息觸及讀者的興趣，並進一步將他們的興趣轉化為行動。

文案寫作，是一件很酷的事

所以，沒錯，撰寫文案充滿挑戰，但它也極具趣味性、多樣性，並且回報豐厚。

身為文案寫手，你需要為行銷注入創意與靈魂。你可以決定品牌要傳達什麼訊息，以及表達的方式。透過你的文案，你可以與世界成千上萬的人建立連結，在他們耳邊低語，提供他們真正喜歡的東西。僅僅幾句紙上墨跡，就能改變他們的想法、感覺或行動。這是不是很酷？

除此之外，這份工作還充滿了探索與發現。在我們生活中，有許多事物，是從無到有、從夢想去實踐的。而在文案撰寫的過程中，你會深入了解那些原本不會注意的細節，也會認識到投入一生心血在這些事物上的人。無數產品正等待著被注意、關注，而它們背後的故事，將由你來述說。

而文案題材更是包羅萬象，豐富的沒話說。今天你可能在撰寫鑽石或狗糧的文案，明天就要寫筆記型電腦或行李箱的內容；今天是為品牌想出一個三字標語，明天或許要快速完成一本300

頁的電子書；有時你會與當地水管工一起喝茶，有時則可能飛往異地，與跨國公司執行長洽談。

如果做得好，你可以靠寫作謀生，這是許多人夢寐以求的事。也許你不會寫出下一本偉大的小說，甚至可能不會為知名大品牌撰稿，但如果你熱愛學習、寫作和推動事物發展，你會愛上文案寫手的生活。

完成工作後，你會因為自己產生了影響力，而感到滿足。客戶需要你的協助來捕捉他們的想法、展現產品，並觸及目標受眾。你的文字幫助他們邁向成功，所以你很重要。

在這本書中，你會學到……

正如書名《文案寫作上手的第一本書》所示，我的目標是盡可能以清晰簡潔的方式，介紹撰寫文案的核心要點。

即使你不是全職作家，甚至不常寫作，仍然可以從本書中受益。在我看來，無論是撰寫分類廣告、求職申請表、家長通知信或工作簡報，都屬於文案寫作。而且，你完全可以運用那些資深文案為頂尖品牌撰稿時，所採用的理念與技巧。

以下是本書的內容大綱。

- 第一部分：**策畫文案**，教你深入了解產品，還有它帶來的「利益」（benefit），以及洞察讀者，並將這些元素整合到

需求簡報（brief）中。
- **第二部分：撰寫文案**，討論如何下標、組織文案結構和設計行動呼籲（call to action，CTA）。
- **第三部分：升級文案**，探討如何讓你的文案具有創意、說服力和吸引力；如何保持語氣一致；如何提升寫作水準，並回應客戶的改稿建議。

你會發現，本書並沒有太著墨於各種文案的形式，例如廣告、影片腳本、推銷信函、電子郵件、網頁內容等等。但並不是因為這些文案形式完全相同，而是因為你可以學習到很多適用於**各種**文案形式的技巧。第16章提供了一些方法，教你如何將這些技巧應用到不同類型的專案中。

全書中包含多個範例，有些來自現實中的品牌，有些是我特別設計的。如果範例中品牌名稱以斜體表示，或根本沒有品牌名稱，那麼該範例即為虛構的。

這些範例取材自各種類型和規模的企業，我也嘗試提供一定數量的B2B（企業對企業）以及B2C（企業對消費者）的文案。雖然B2B文案可能不如B2C文案光鮮亮麗，但它是一項重要的技能，且擁有龐大的市場，只是經常受到低估和忽視。

在某些章節的末尾，你會發現名為「實戰練習」的小任務。這些任務主要是為了促進思考，而非要你寫長篇大論。如果你覺得練習很有趣，不妨試著完成這些挑戰。

最後要提醒的是,這並不是了解文案寫作的唯一讀本,而是作為你的第一本入門書。文案寫作涉及的範疇非常廣泛,百家爭鳴,不可能在一本書中涵蓋所有內容。本書是基於我自己的經驗,而你可以在本書末的〈注釋〉中,找到更多推薦的閱讀資料。

話不多說,言歸正傳。你的文案不會憑空產生。

現在就開始動手寫作吧!

PART I
策畫文案

下筆前的策略思考

Chapter 1
好好了解你的產品

徹底了解你的產品。即使是微小的細節,也可能成為激發文案靈感的火花。

文案的本質,是「銷售」

每一個文案專案,都從了解你所銷售的產品開始。

如果你正在為一家公司撰寫文案,那麼內容可以分為以下四類:

- **B2C 產品**:如柳橙汽水或微波爐。
- **B2C 服務**:如汽車保險或窗戶清潔。
- **B2B 產品**:如影印機或堆高機。
- **B2B 服務**:如會計服務或行銷服務。

在本書中，我使用縮寫「B2C」來表示企業對消費者，「B2B」來表示企業對企業。

不過，有時候你「推銷」的可能不是傳統意義上的產品。例如，你可能是在推廣慈善捐款，這類文案更多是鼓勵讀者幫助他人，而不是專注於自己的利益，但你仍然可以運用本書中的許多技巧。

此外，你可能正在「推銷」某個想法或機會，而不是產品。比方說，你在撰寫有關資訊安全的電子書，鼓勵企業主更認真地思考這個問題。或者，你在撰寫招聘廣告，吸引求職者加入團隊。儘管讀者的行動不一定是購買，但文案的目標依然是讓他們「認同」，因此你仍然可以使用相同的寫作方法。

最後，你可能會撰寫純粹提供資訊的文案。像是，申請住房津貼的市政傳單，或是關於修剪花草的部落格文章。在這些情況下，文案本身就是產品，你盡可能讓內容既清晰又有用，以此來「推銷」。

為了簡化接下來的討論，我將使用「產品」這個詞，泛指你撰寫的所有內容——無論它是物品、服務、想法，還是資訊。

產品要賣得出去，需要思考這些問題

無論產品是什麼，你首先要徹底了解它。你需要思考以下問題：

- 產品是什麼？
- 它有什麼功能？要如何運作？它能解決哪些問題？（我們會在下一章更深入探討產品利益。）
- 誰會使用這個產品？他們怎樣使用？何時使用？這個產品如何融入他們的生活，是用在工作場所、家裡，還是其他地方？
- 產品是否有不尋常、甚至獨特之處？它是市場中唯一的選擇，還是在某些方面是最好的，例如最快、最便宜或最全面？有什麼證據可以支持這些說法？
- 為什麼人們會「特別」購買這個產品？換句話說，它有哪些競爭對手沒有的優勢？
- 人們如何購買這個產品？他們需要去哪裡？需要做哪些事？購買流程是快速簡便，還是漫長複雜？
- 人們在購買該產品時，會經歷怎樣的心理歷程？這個產品是屬於衝動購物（如碳酸飲料），還是計畫購物（如冰箱）？如果是計畫購物，人們如何研究和做出決策？
- 產品在市場上的定位是什麼？它是基本型、標準型，還是高階型產品？是全新推出的產品，還是具有相當知名度？它的主要競爭對手有哪些？
- 產品是否會取代其他產品？假如選擇這個產品，人們是否需要停止購買或不再使用其他東西？如果需要這樣，為什麼他們可能會抗拒這樣的轉換？

- **人們可能會購買其他的替代品嗎**？替代品不一定是直接競爭對手，也可能只是其他人們會花錢消費的東西。例如，電影院和餐廳並非直接競爭對手，但人們仍然可能在「看電影」和「外出用餐」之間取捨。
- 如果產品已經上市，**市場的反應如何**？銷售表現如何？媒體報導和顧客評論是正面還是負面？銷售產品的人，如銷售員、零售商、加盟商、中盤商等，他們對這個產品的反應如何？
- 如果你撰寫的是關於服務的內容，**這項服務是如何提供給客戶的**？由誰來提供？服務提供者具備哪些技能、背景與個性？這對客戶意味著什麼？客戶可以調整或客製化這項服務嗎？該服務是否完全依照客戶的需求而設計？
- 產品是否屬於某個**品牌或系列**？如果是，你需要遵守哪些規則（無論是成文或不成文）？該品牌如何定位自己？
- **公司的歷史與文化**如何融入產品？該公司是雄心勃勃的新創公司，還是成熟的業界領導者？市場如何看待這家公司？

這些問題可以成為你與客戶會面或訪談的基礎，甚至能用於設計書面問卷。你可能會驚訝地發現，客戶沒有全面思考過這些問題，至少是沒有深思過。如果還有重要資訊模糊不清，務必抽絲剝繭地釐清，否則你無法撰寫產品的文案。

親自體驗，才能寫出真實感

為了更深入了解產品，請向客戶索取他們掌握的所有資料，包括產品手冊、官網資訊、內部簡報，以及任何有助於理解的文件。如果客戶提議要自己撰寫備忘錄，就樂意接受，並說明你不

- 產品是什麼？
- 誰在使用這個產品？如何使用、何時使用？
- 使用者透過何種管道購買產品？
- 它有什麼功能及運作方式？
- 為什麼人們會選擇購買？
- 產品是否會取代其他東西？

寫產品文案時，應該要問的問題

需要架構嚴謹或措辭優美的內容，只需要條列式重點或隨意的想法就可以了。你的目的是收集原始素材，而非完成品。

如果可以的話，親自試用商品。這有時很簡單，例如撰寫襪子的文案時，可以試穿體驗；撰寫巧克力的文案時，能親自品嘗。然而，對於某些昂貴或專業的服務，恐怕很難實際嘗試。你可能需將其與自己體驗過的類似服務比較，或與使用過此服務的人交談。（在第3章，我們會更深入討論「與消費者交談」的部分。）

實地參訪，你會發現很寶貴的資訊

有時候，客戶會邀請你參觀他們的辦公場所，了解產品，並與他們的團隊會面。如果時間、距離和預算允許，這種邀請一定要接受。至少，你會與他們建立更穩固的合作關係，而且總會發現原本難以獲得的寶貴資訊。

「實地參訪」對於任何產品來說都非常值得，尤其對專業服務類的產品更為有用。此時，最終客戶（即客戶自己的客戶）真正「購買」的，其實是提供服務的人，而公司的文化將對他們的體驗有著深遠的影響。親自造訪公司，可以讓你更了解消費者的真實體驗。

與客戶交談，獲得文案的靈感跟詞彙

「與客戶會談」是短時間內獲取大量寶貴資訊的好方法，特別是如果與你接洽的人不喜歡寫備忘錄。

面對面會談，是最理想的方式。萬一不方便，也可以改講電話或視訊（例如Skype）。無論哪種方式，最好是錄下對話內容，這樣就可以專注於傾聽，不必忙於做筆記。

在這些對話中，客戶往往會用簡單直白的詞彙，來表達產品的重要資訊，但這些內容通常不會寫進正式文件裡。注意那些乾淨俐落的用語，然後大膽用在文案中吧！

另一方面，不要怕問出太簡單、很基本的問題（如前文列出的那些問題）。你的目標是獲取資訊，而不是要顯得很聰明。請想像自己是對產品一無所知的新顧客。你可能會驚訝地發現，這樣的提問對你的客戶來說，是多麼有用和引人深思。

有時，你或許已經獲取了大部分所需的資訊，但仍不足以完成整份文案。如果遇到這種情況，可以採取「填空」的方式，先寫下你能寫的內容，然後在需要補充資訊的地方添加注釋，標明需要客戶幫助的部分。這樣的做法能推動專案向前邁進，同時避免客戶浪費時間告訴你最終派不上用場的內容。

小心,別成為被知識「詛咒」的人

大多數文案寫手都認為,取得的背景資訊越多越好。然而,也有另一種觀點需要考慮。

當你開始處理一個專案,你是初次接觸產品,就像讀者第一次讀到你的文案時的感覺。這個角度可以幫助你看到產品真正獨特或吸引人的地方,而非只注意客戶認為重要的部分。

然而,你擁有的產品知識越多,就越容易「被同化」,並開始從客戶、而非讀者的角度,來看待產品。你可能會陷入心理學家所說的「知識的詛咒」:當我們了解某件事後,很難想像自己對它**一無所知**時的情況。[1] 這種情況在你長期為同一個客戶工作時尤為明顯,這也是大型品牌會經常更換廣告代理商的原因。畢竟,你無法同時保有「天真的好奇心」和「高度的專業」。

而你在研究產品時,可能會接觸到各種書面資料,挑對你有幫助的看就好。如果某些內容感覺沒什麼相關性,也不用糾結。隨著經驗的累積,你會逐漸掌握哪些資訊是有價值的。與客戶的會談也是如此。很多人在交談時會滔滔不絕,或者隨口想到什麼就說什麼。就算被問到明確、直接的問題,也可能答非所問。所以,你不必覺得自己得把聽到的所有內容,都融入文案中。

有些文案寫手喜歡直接投入寫作,而不是花大量時間進行研究。如果這種方式能幫助你理清思路,那沒問題。重點是,並不是你寫下的每一句話,都需要出現在文案中。你也可以隨時再回

頭補充和做更詳細的研究。

處理大量背景資訊的最大價值在於，即使是微小的細節，也可能成為激發文案靈感的火花。例如，大衛‧奧格威（David Ogilvy）為勞斯萊斯撰寫的這句經典標題：

> 在時速60英里的新款勞斯萊斯上，最大的聲音來自電子鐘

奧格威花了三個星期，閱讀這款汽車的資料，然後才想出了這句標題。如果沒有投入這段時間，他根本不可能找到這個靈感。

在時速 60 英里的新款勞斯萊斯上,最大的聲音來自電子鐘

是什麼讓勞斯萊斯成為世界上最頂級的車?「其實沒有什麼神奇之處,只是對每一個細節都投入了極致的專注與耐心。」一位傑出的勞斯萊斯工程師說道。

1. 《汽車》雜誌(The Motor)技術編輯表示:「在時速 60 英里的新款勞斯萊斯上,最大的聲音來自電子鐘。」透過聲學原理,運用三個消音器,將聲音頻率降到最低。
2. 每台勞斯萊斯的引擎在安裝前都會經過全速運轉測試長達 7 小時,並且每輛車都會在不同的路面上行駛數百英里,對不同的路面條件進行測試。
3. 勞斯萊斯是為車主自己駕駛設計的,其車身比最大的英國國產汽車短約 45 公分,更加容易操控。
4. 這款車配備動力轉向、動力煞車和自動變速箱,駕駛與停車變得輕而易舉,無須專職司機操作。
5. 成品車在最終檢測站進行為期一週的微調,經歷 98 項不同的測試。例如,工程師使用「聽診器」仔細聆聽軸承的異音。
6. 勞斯萊斯提供三年保固,並建立了從東岸到西岸的經銷商和零件庫存新網絡,售後服務不再是問題。
7. 勞斯萊斯的散熱器格柵自問世以來幾乎未曾改變,唯一的例外是 1933 年亨利·萊斯爵士(Sir Henry Royce)去世後,格柵上方的「RR」字樣由紅色改為黑色。
8. 車身採用五層底漆工藝,每層均手工打磨,最後再塗上九層面漆。
9. 透過方向盤上的開關,你可以根據路況調整避震器。
10. 儀表板下方內藏一張法國胡桃木飾面的野餐桌,可輕鬆滑出;前排座椅後方還設有兩個可展開的桌面。
11. 可以選配濃縮咖啡機、錄音機、床鋪、冷熱水洗滌設備、電動刮鬍刀或電話等附加設備。
12. 動力煞車由三個獨立系統組成,包括兩個液壓系統和一個機械系統,其中任何一個系統故障都不會影響其他系統的運作。勞斯萊斯的汽車非常安全,也具備出色的性能:時速 85 英里時仍能平穩地運行,最高時速超過 100 英里。
13. 賓利由勞斯萊斯公司生產,除了散熱器不同外,兩者是相同的汽車,由同樣的工程師在相同的工廠製造。對於尚未準備好擁有勞斯萊斯的買家,賓利是絕佳的替代選擇。

價格:廣告中所示的勞斯萊斯(主要入境港口)離岸價格為 13,995 美元。若想體驗駕駛勞斯萊斯或賓利的尊榮享受,請寫信或致電以下經銷商。

勞斯萊斯公司,10 Rockefeller Plaza, New York 20, N. Y., Circle 5-1144.

1959 年 3 月刊登

奧格威的勞斯萊斯廣告,以小細節創造大影響

經賓利汽車有限公司授權轉載。

> **實戰練習　找一件產品，看看你有多認識它**
>
> 　　想一想你經常使用，並且真正喜歡的產品。它可以是食物、服飾、小工具或任何你喜愛的東西。
>
> 　　現在，針對這個產品，仔細回想你知道的所有細節。你對它的歷史、製作方法、銷售地點、購買者等方面了解多少？還有什麼是你不清楚，但想知道的？

Chapter 2

「利益」,讓讀者心動的文字祕密

只要你為讀者提供實際的好處,並清楚地表達出來,
他們的注意力就會停留在你的文案上。

特色 vs 利益:你給的是「資訊」,還是「好處」?

想像一下我們一起去度假,你喜歡杜拜的豪華飯店,但我則嚮往英國最美小鎮科茲窩(Cotswolds)的溫馨小屋。我該如何改變你的想法?

或許,我可以列舉小屋的有趣特點:

- 地點就在塞文河谷(Severn Valley)上方。
- 有游泳池。
- 同條路上就有一家酒吧。
- 配有兩間臥室。

對我來說，這些特點聽起來很棒，畢竟我已經被說服，但你卻極力反對我的觀點。為了讓你接受我的想法，我需要以不同的方式表達相同的觀點：

- 你可以一邊享用早茶，一邊欣賞美景。
- 游泳池可以讓你在放鬆之餘，維持健身計畫。
- 我們可以出去吃晚飯，10分鐘內就能回到小屋。
- 有兩間臥室，你可以睡得香甜，不被我的鼾聲打擾。

那麼這兩份清單有什麼區別？

第一份清單介紹了小屋的「**特色**」，第二份清單則突顯了「**利益**」。換句話說，第一份清單談的是小屋本身，第二份清單則講述小屋如何幫助到你。

沒有利益，讀者連看一眼都不願意

還記得前言中戈薩奇的名言嗎？他說，「人們會閱讀他們感興趣的內容，有時那正是一則廣告。」

有很多方法可以讓你的文案變得有趣，稍後會介紹其中的幾種。但有一件事是**所有人**都感興趣的：他們自己。因此，吸引讀者的最簡單方法，就是向他們展示利益。而產品介紹和讀者需求之間的交集，就是利益。

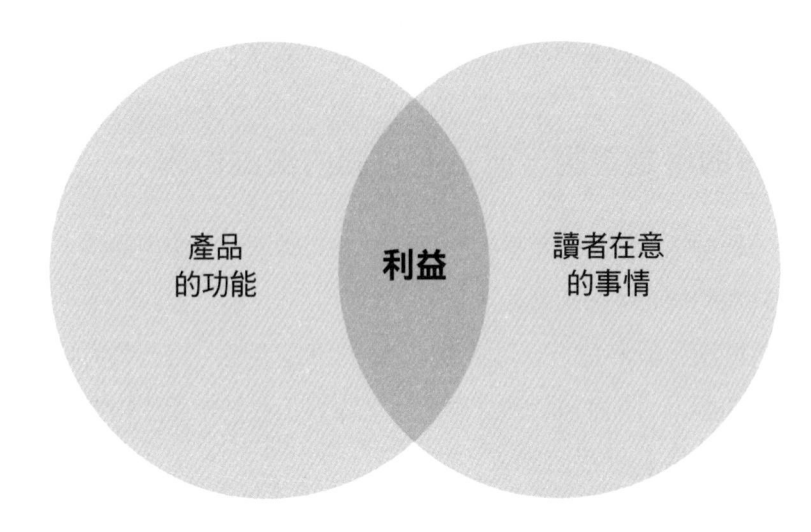

利益：產品特色與讀者興趣之間的交集

所以，利益是撰寫有效文案的核心所在。身為文案寫手，你最寶貴的資源就是讀者的注意力。一開始讀者完全沒有在注意你的文案，所以要盡可能地吸引他們的注意力。如果你的文案缺乏吸引力，他們會失去興趣，這樣效果堪慮。但只要你為讀者提供實際的好處，並清楚地表達出來，他們的注意力就會停留在你的文案上。反之，萬一他們無法理解你所提供的利益，或者無法體會對他們有什麼好處，他們就會立刻轉向其他選擇。

在策畫文案時，重要的一步是決定要談論哪些利益，以及排列它們的順序。在一些專案中，例如平面廣告，可能只需要談到一個核心利益。而在網站的產品描述中，或許需要同時呈現多個

利益,但某些利益仍然會比其他利益更受重視。

「賣的不是香腸,而是煎香腸的滋滋作響」

利益是對價值的承諾,也就是當讀者購買和使用產品時,將會為他們帶來美好的體驗。

行銷人員常說的一句話是:「賣的不是香腸,而是煎香腸的滋滋作響!」[1] 這句話的意思是,文案真正賣的是產品的體驗,而不是產品本身。

回顧之前科茲窩小屋例子所提供的利益,你會注意到「你」和「你的」這兩個詞出現的頻率之高,這是因為利益將產品的特色與讀者的體驗連結起來。利益定義了產品與人之間的關係,將產品從冷冰冰的物體,轉變成他們生活的一部分。

身為文案寫手,你最重要的任務之一,就是讓特色「外露」,將其轉化為利益,讓讀者能夠清楚地看到產品如何融入他們的生活。

以下是B2C文案在特色和利益方面的例子:

	特色	利益
汽車零件店	一站式多元服務。	快速便利,只須前往一處即可滿足所有需求。
冬季外套	絨毛內襯。	在寒冷天氣中提供保暖和舒適。
早餐麥片	含豐富燕麥,屬於高升糖指數食物。	讓你整個早晨都充滿活力。

還有一些B2B文案的例子:

	特色	利益
新網站	響應式設計。	確保無論使用什麼裝置,都能獲得最佳的瀏覽體驗。
清潔服務	每晚清潔所有的辦公桌。	營造整潔的工作空間,改善衛生條件,並給訪客留下更好的印象。
密碼鎖	所有員工均有專屬密碼。	追蹤團隊成員的行蹤和工作時數。

　　將特色轉化為利益的方法之一,是站在讀者的立場,思考不同的特色對他們的好處。問自己一些非常基本的問題,像是「這個產品對我有什麼幫助?」或「為什麼我需要它?」我們很容易會忽略這些簡單的問題,但如果不能深入了解這些重點,就無法撰寫出真正打動人心的文案。

利益,是有分「有形」跟「無形」的

有些利益客觀且實用,提供讀者看得到或摸得到的東西,因此稱為**有形**利益,包括產品的功能,以及功能背後的實現方式,如速度、便利性、價格實惠等等。有形利益基於紮實客觀的事實,幫助讀者選擇和比較產品,或為購買產品提供合理依據。

有時候,可以用數字來量化利益,例如英國利潔時(Reckitt Benckiser)旗下的消毒抗菌品牌滴露(Dettol)所使用的廣告語:「殺死99.9%的細菌」。

然而,有些利益則更主觀,著重於情感訴求,所以稱為**無形**利益。它們能改變讀者的情緒,讓他們覺得自己更有魅力、更安全、更聰明、更時尚等等。比方說,化妝品牌萊雅的著名標語「因為你值得」,便傳遞了「自尊」這一個無形利益。

由於無形利益只存在於人們的心中,你可能會認為它們不如有形利益「真實」,因此也沒那麼重要。但事實上,情緒感受對我們來說非常真切,有時甚至比理性更強大。

有形利益	**無形利益**
訴諸邏輯。	訴諸情感。
發生在人們的生活中。	發生在人們的內心中。
解決人們的問題。	提升人們的情緒感受。
可見、可觸摸、可量化。	不可見、不可觸摸、不可量化。

以下列舉出幾種有形和無形利益的例子:

產品	有形利益	無形利益
奢華手錶	精準計時。 防水。 自動上鍊。	展現財富。 讓同儕刮目相看。 彰顯品味。
洗手液	殺死 99.9% 的細菌。 方便的擠壓瓶。 淡雅的薰衣草香味。	感覺自己在守護家人的安全與健康。
智慧型手機	打電話。 連接網際網路。 使用多種應用程式。	與人交流。 感覺時尚且緊跟潮流。
智能溫控器	節省燃料。 省錢。 環保。	感覺自己為環境做出改變。 讓訪客對你的品味印象深刻。
電鑽	快換鑽頭設計,方便快速更換配件。 具有旋轉和震動功能,能因應多種材質的鑽孔需求。	在家中使用時,感覺熟練和得心應手。 享受擁有合適工具的滿足感。
ISA 儲蓄帳戶	儲蓄享有免稅優惠。	為未來做好準備。
捐款給皇家全國救生艇協會(Royal National Lifeboat Institution)	維持救生艇的運作。 拯救海上人命。	感覺自己幫助了別人。 感覺自己回饋去過的海濱小鎮。
辦公室印表機管理系統	節省紙張和碳粉。 監控人員列印的內容。	節省成本讓老闆刮目相看。 感覺具備充分資訊,並掌握一切。

有形利益
（括號內為特色）

無形利益

顯示時間
（準確）

展現財富

游泳時配戴
（防水）

讓同儕
刮目相看

使用方便
（自動上鍊）

彰顯品味

奢華手錶的有形與無形利益

如何準確抓對利益？

大多數產品同時具備有形與無形利益，但在文案中如何平衡兩者，取決於專案的情況。

例如，銷售辦公設備的網站幾乎都是聚焦於有形利益，因為這是B2B買家想要知道的內容。當人們在選擇保險時，他們主要在意「物超所值」，這就是比較網站大受歡迎的原因。

在面對其他產品時，人們主要根據無形利益來做決定，但仍可能會用有形利益來合理化自己的選擇。回想一下你購買奢侈品的情況，比如一個小配件或一雙鞋子。你可能一眼就看中它，心

裡只有一個簡單的念頭:「我就是想要它。」然後,你在腦海中編織出理由,解釋為什麼你很「需要」它,甚至用這個理由來向他人解釋你的決定。

有時,一項利益可以同時具備有形和無形的層面。比方說,廉價連鎖超市Lidl提供的主要有形利益是「價格實惠」:你可以計算出省下的金額,並收入囊中。但這種撿便宜的行為也帶來無形利益,讓消費者「覺得」自己精打細算。即使是那些完全有能力到更高檔商店購物的顧客,也會因為這種滿足感而被吸引。[2]

多一句「所以,這有什麼用?」多一句好文案

有時,你(或你的客戶)會一心想強調自己的產品有多好,而忘記了它是否能帶來實際的好處。如果你像這樣撰寫文案,那就像酒吧裡喋喋不休、只談自己的人,讓讀者感到厭煩甚至無聊,最終只會換來對方的哈欠。

為了避免這種情況,請對你的產品利益進行「所以,這有什麼用?」的測試。針對每一項特色,持續追問「所以,這有什麼用?」直到找到明確的利益,也就是產品確實可以改善讀者生活的方式。如果問了「所以,這有什麼用?」但沒有得到好的答案,那麼你所看到的特色就沒有具備太多的利益,也可能不需要寫進文案中。

比方說,假設我告訴你:「這款手機有定位追蹤功能。」你

可能會問:「所以,這有什麼用?」然後,我回答:「你可以隨時知道手機的位置。」你接著再問:「所以,這有什麼用?」這時,我會說:「無論白天還是晚上,你都能知道你的女兒在哪裡。」這就是一個明確的好處,完全關乎讀者的生活,而不是產品本身的描述。

你產品的「獨特賣點」是什麼?

有些產品可以提供絕無僅有的利益,因為它們有專利技術、官方認可、祕製配方等等,也可能只是因為該產品是市場上的先行者。行銷人員將這些與眾不同的好處稱為「獨特賣點」(unique selling point,USP)。

你不一定需要USP,但如果你確實擁有USP,文案中可以強調這些引人注目的特質,如使用「第一」、「唯一」、「最便宜」、「最受歡迎」、「最暢銷」,甚至是「最好」等字眼,只要你的宣稱經得起推敲。舉例來說,以下是伯明翰中英花園餐廳(@ChungYingGarden)的一條推文,使用了「最豐富」這個USP:

> 你知道嗎,我們的廚房提供英國最豐富的#港式點心選擇。

「USP」中的「S」（selling）是有原因的：獨特的賣點必須能說服消費者購買你的產品。擁有USP聽起來不錯，也是值得自豪的事情，因此公司有時會強調其產品的獨特之處，即使這些特點對客戶並無特別幫助。記住，不要因為某個特色是獨特的，就將其寫進文案中，任何特色都需要用利益來證明它的意義。

「U」（unique）的存在也是有原因的：USP必須具備獨特性。然而，人們很容易隨意使用「USP」一詞，或是將利益冠以USP的名號，但實際並不特殊。要非常清楚哪些特色是獨特的，哪些不是，這樣你就不會寫出無法證明的東西。

消費者不同，追求的產品利益就不同

請記住，同一產品可能為不同的人帶來不一樣的好處，而且買家和使用者也不一定是同一個人。雖然文案通常針對購買者撰寫，但其他人也可能因產品受益，而且他們也可能對購買決策產生影響。

例如，想想校服。對於父母來說，價格合理和耐穿是他們最關心的，但孩子更在乎的是舒適度和款式。成功的產品需要讓雙方都滿意，如果你的孩子一離開你的視線，就把羊毛衫偷偷塞進書包裡，那麼購買這件衣服的意義也就沒了。

在B2B領域也是如此。假設你的讀者是團隊經理，他正在考慮為團隊採購一款新的會計軟體。團隊成員雖然不是購買的決

策者,但他們仍然可能影響經理的決策。經理關心的是「提升工作中各項作業的準確性」,而團隊成員則是在意「能不能讓工作更輕鬆」。團隊成員僅以自己為出發點思考,但經理可能還必須說服上司,如財務主管。財務主管不像其他人常用這款軟體,但

新的會計軟體

團隊經理:它能幫助我們避免錯誤嗎?

團隊成員:我們使用起來方便嗎?

財務主管:是否物超所值?

不一樣的利益,可以吸引同一產品的不同使用者

卻非常在意軟體的整體持有成本。

根據你的行銷方式，你可能需要針對不同客群分別撰寫文案（見第6章的「對象不同，情境不同，訴求也不同」），或指出產品如何讓讀者之外的相關人員也能受益。

當產品特色本身，就有足夠的利益價值……

如果讀者原本就對產品的特色感興趣，你可能根本不需要將它們轉化為利益。例如，對於新科技的「早期採用者」或愛好者來說，特色本身就是利益。

假設你在撰寫相機的文案。對於一般使用者，甚至是還沒有相機的人來說，你可能要談到它如何以鮮明的色彩和銳利的細節，來捕捉特殊時刻。但對於攝影愛好者和專業人士來說，這些自然不必多提。他們想知道的是，這款相機相較於現有機型，有哪些技術上的突破，而這取決於技術特色。如果你輕描淡寫地帶過這些內容，那就錯失了最重要的部分。

更重要的是，對於技術狂熱者來說，分析和比較技術特色本身就是一種樂趣，並因此感到自己做出了最佳購買決定。因此，提供他們這類資訊，也能為他們帶來無形的情感價值。

> **實戰練習　將特色，轉化為打動讀者的利益**
>
> 　　從你家中選擇一件產品，列出它的五個特色。接下來，將每個特色重新表達為能打動顧客的利益。使用「所以，這有什麼用？」的測試方法，找到每個利益的最佳表達方式。
>
> 　　最後，把這些利益分類為有形利益和無形利益。它們是實用的，還是情感上的好處？它們影響你的外在世界，還是內在世界？

Chapter 3

由內而外，了解你的目標讀者

要理解你的讀者，可以從以下三個角度切入：
他們的生活方式、他們的需求，以及他們的感受。

鎖定讀者，不要試圖討好所有人

在研究產品並確定利益之後，接下來要思考的是：誰會購買這個產品？

當你看到電視廣告或戶外海報時，可能會覺得它們是展示給所有人看，希望吸引到某些感興趣的人。但事實上，大多數行銷只針對少數實際接觸到這些廣告的人，而且這種方式是刻意為之的。

你無法滿足所有人。如果你試圖討好所有人，最終的結果恐怕是無法打動任何人。相反的，你應該專注於最有可能對產品及其利益感興趣的群體，因為他們最容易被說服。

為了簡化討論，我會把文案的目標客群統稱為**讀者**，即使他們可能透過電視或廣播廣告「聽到」你的文字，或者在沒有明確文字的設計中「感受到」你的想法。

正如史蒂芬・柯維（Stephen R. Covey）所說，如果你想有效地溝通，應該「先努力理解他人，再求被理解」。[1] 萬一你不知道讀者是誰，就無法替他們撰寫文案。或者，你最終為了取悅自己或你的客戶而撰寫內容。雖然這樣的文案可能獲得批准，卻無法帶來任何的銷售成果。

要理解你的讀者，可以從以下三個角度切入：他們的生活方式、他們的需求，以及他們的感受。

「讀者擁有怎樣的生活方式？」抓出消費者輪廓

你可以透過讀者的個人檔案來辨識他們。以下列出一些特徵供你參考，以描繪出目標讀者的形象。

透過這些特徵辨識讀者	例如……
年齡、性別	1990 年以後出生。 30 歲以上的女性。
家庭狀況	家中有 10 歲以下兒童的家長。 成年子女仍然住在家裡。
社交情況	人脈廣泛、經常與朋友見面。
職業	公共部門的中階管理人員。

透過這些特徵辨識讀者	例如……
地點	居住在威爾斯鄉村。
財務狀況	家庭年收入超過 5 萬英鎊的屋主。
生活習慣	總是開著暖氣。
個人問題	視力衰退。 不會自行修理電腦。
興趣愛好	喜歡角色扮演遊戲。 打網球。
文化品味	聽車庫饒舌（grime）和雷鬼音樂。
個人觀點	認為汽車節目主持人、堪稱車界毒舌王的傑瑞米・克拉克森（Jeremy Clarkson）言之有理。
購買選擇	在英國高檔連鎖超市維特羅斯（Waitrose）購物的人。 穿著時尚品牌石頭島（Stone Island）服裝的人。
消費偏好	度假時喜歡安排體能活動的人。 追隨新科技的人。
消費習慣	從不上網購物的人 只買新車的人。
產品知識	不了解物聯網的人。 曾購買過該品牌的人。
線上行為（透過網站分析、社交媒體等資料）	把東西放入購物車，但未完成結帳的人。 在 X 上討論歌唱比賽《英國之聲》（*The Voice*）的人。 大量觀看蕾哈娜演出的人。

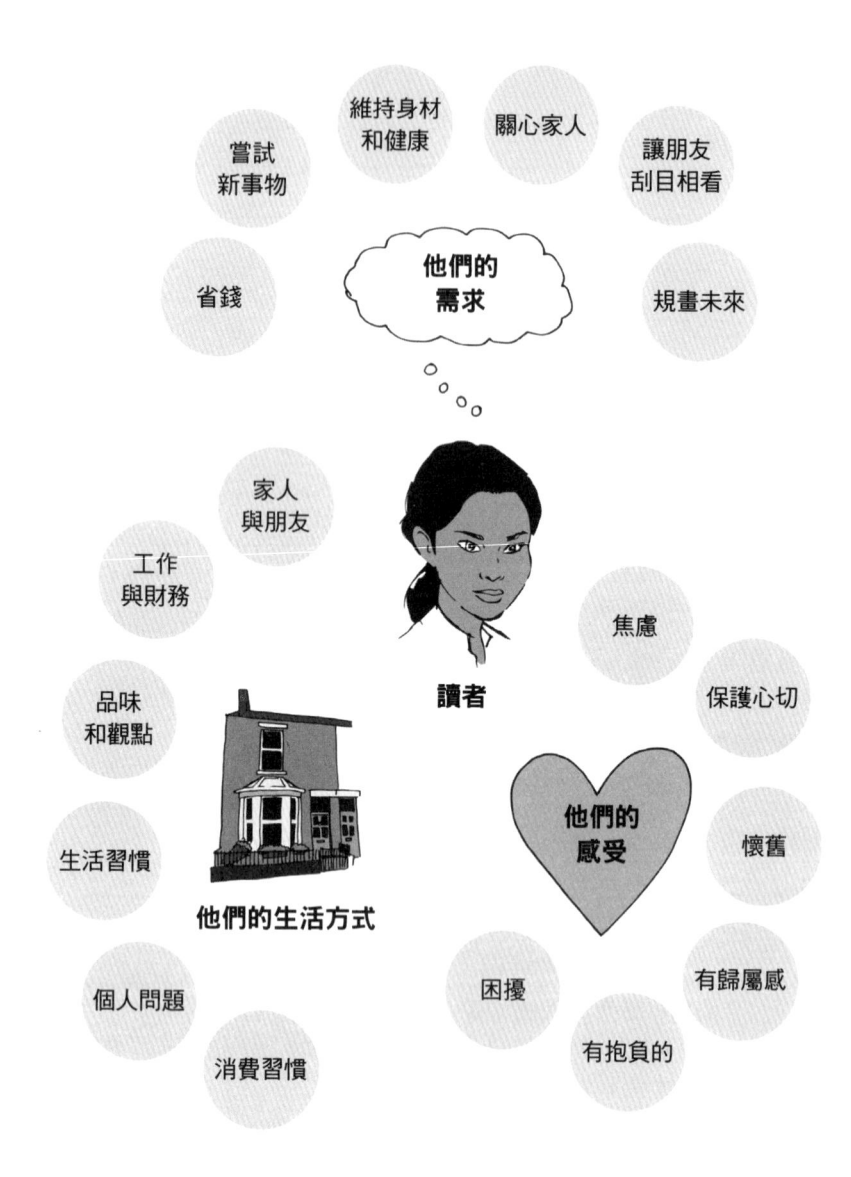

思考讀者的三種方式：
他們的生活方式、他們的需求、他們的感受

你需要多精細地考量讀者的特徵，要取決於產品的類型。比方說，大多數成年人都會購買衛生紙，因此無須過度縮小使用者的範圍。但在其他情況下，你可能需要結合多方面的資訊，來勾勒出更詳細的讀者畫面。例如，線上會計平台的目標讀者，可能是「經常使用網路的小型企業主或管理者」。

對於某些數位行銷專案，這些特徵可能確實決定了受眾。比如，線上廣告透過程式化購買（programmatic buying，按：透過程式運算，將廣告投放到最有可能產生轉化的受眾），利用已知的年齡、性別和位置等屬性來精確鎖定受眾。而行銷電子郵件則通常會發送給具有特定個人資料的人士，像是公司董事。

有些產品，例如服飾和保健產品，會明確針對特定人群，這顯然會影響到你所寫的內容。但一般而言，讀者的個人資料可能不足以作為你撰寫文案的基礎。特別要注意的是，不要用「千禧世代」或「退休人員」這類籠統的名詞，來定義你的讀者，這樣缺乏深入的分析。你最終會根據刻板印象來寫作，或假設讀者會因為身分而自然回應。更有效的方式，是深入研究讀者的「需求」與「感受」。

「讀者的需求又是什麼？」挖掘渴望

你已經知道讀者表面上的基本特徵了，但他們的內心世界又是如何呢？他們目前的生活狀況如何？他們希望生活中多一些什

麼，又想擺脫什麼？

以下是針對一般消費者（B2C）和企業買家（B2B）的一些可能需求。

B2C 消費者：我想要……	B2B 企業買家：我們想要……
更輕鬆地完成工作。	提高任務效率。
有更多的空閒時間。	提高營運效率。
賺錢。	發展業務。
省錢。	減少經常性開支。
嘗試不同的新事物。	開發創新產品或服務。
盡情享樂，放縱自己。	改善工作環境。
擺脫一切。	減輕壓力，提振士氣。
整頓生活。	解決內部系統和流程的問題。
讓家更舒適。	改善基礎設施或辦公場所。
照顧家人。	改善員工福祉。
身體健康。	培養新技能。
為未來規畫。	制定業務發展策略。
感覺有魅力。	建立品牌形象。
感覺時尚。	提高公司聲譽。
讓朋友刮目相看。	建立個人聲譽。
搶占先機。	獲取競爭優勢。

我將這兩者並列在一起，是為了說明B2B讀者與B2C讀者

的需求並沒有太大區別。的確，人們在工作場合時，會考慮不同的事情。然而，他們對事情的看法卻大致相同，因為他們同樣是人，有著相似的需求和渴望。

請注意，這些需求可能比上一節提到的「現實生活中的特徵」，更通用、更強大。根據產品的不同，你也可能根本不需要詳細個人資料，來辨識你的讀者。就好比無論讀者是誰、生活方式如何，或者面臨什麼樣的處境，**大家**都希望身體健康，或者讓朋友刮目相看。

要了解讀者需求，另一個有用的角度是他們的「待完成的任務」。這個概念源自於美國學者克雷頓‧克里斯汀生（Clayton M. Christensen）等人，對企業創造新產品和服務的最佳方法的研究成果。[2]「待完成的任務」指的是人們想要完成的事情，或是希望創造的體驗。他們「僱用」產品來完成這些任務，如果產品表現良好便會繼續使用；反之，則會被淘汰。而待完成的任務可以很簡單（例如製作冰塊），也可能很複雜（像是尋找新家）。

思考待完成的任務，可以讓你聚焦於讀者和他們的需求。克里斯汀生舉了一個例子：一間建設公司為退休人員設計奢華住宅，讓他們可以大屋換小，不讓過大的房子成為老後的負擔。然而，銷售速度緩慢，無論是分析客戶的資料，或檢視房屋的好處，都未能找出問題所在。最後，該公司發現，買家希望有足夠空間擺放餐桌，以便家人在聖誕節時，仍可在家中聚餐。因此，建商體認到自己並不只是在蓋房子而已，更要滿足買家的情感和

實際需求，實現生活轉變。

待完成的任務也可以顯露產品的真正競爭對手。假設讀者想在火車上打發45分鐘的空閒時間，智慧型手機遊戲就可以完成這項任務，但雜誌、Podcast或專輯同樣也可以。甚至，讀者可能選擇什麼都不做，只是盯著窗外發呆，勉強度過這段時間。因此，這款遊戲的競爭對手不僅是App Store裡的其他遊戲，還有其他能完成這項任務的「應徵者」，也就是創造讀者想要的體驗的其他方式。理解這些不同的競爭對手，能幫助你決定文案應該強調哪些利益，或有哪些更合適的表達方式。

正如以上例子所示，讀者的需求並不一定與產品或其功能完全吻合。專案管理工具Basecamp創辦人傑森・福萊德（Jason Fried）曾說過：「在人們購買之前，他一定有個去購物的理由。」他將這第一個動機稱為「為什麼之前的為什麼」。[3] 在人們為購買產品找到理由（第二個「為什麼」）之前，通常先有一個希望改變的現狀（第一個「為什麼」）。身為文案寫手，你的任務是挖掘這第一個「為什麼」，並說服讀者將第一個為什麼與第二個為什麼連結起來。

如果你撰寫文案是為了提供資訊或介紹服務，則使用者故事（user story）和情境故事（job story）可能會派上用場。[4] 使用者故事的格式如下：「身為〔角色〕，我想要〔行動〕，這樣我就可以達成〔目標〕。」以下是醫療保健資訊網站的例子：

> 身為關心孩子的父母,我想快速研究症狀,這樣我就可以決定是否要聯繫醫生。

情境故事相似,但更著重於讀者的「待完成的任務」,格式為:「當〔情境〕發生,我想要〔行動〕,這樣我就可以達成〔目標〕。」正如我們所看到的,這種方法更加靈活,因為它假定人們的需求可能隨情境改變,不會受限於他們的身分。例如:

> 當孩子生病時,我想要快速研究症狀,這樣我就可以決定是否要聯繫醫生。

這樣的故事適用於**所有**擔心生病孩子的人,不僅是父母,還包括老師、保母、祖父母等等。

透過這類故事,你可以檢視文案是否符合目的。在上述例子中,網站的文案需要描述症狀,說明症狀代表的意義,並解釋下一步該做什麼。此外,文案需要簡短(因為讀者時間有限),且清楚(因為讀者可能因焦躁不安,難以集中注意力)。

「讀者有什麼感受?」引發共鳴

追根究柢來看,文案的成功在於「理解讀者對自己和生活的感受」,而要做到這一點,關鍵是同理心。

同理心意味著深入了解他人的經驗，而不僅僅是理性地分析他們的想法或行為。當你對他人抱有充分的同理心時，你會看到他們所看到的，感受到他們所感受到的。你敞開心胸，放下控制，並接受這段經歷可能會改變你。

最近研究人員發現，大腦中負責同理心的區域與感受身體疼痛的區域是相同的。[5] 因此，同理某人時，你實際上「感受到了他們的痛苦」。

同理心是一種情感上的傾聽。只要你尊重他人的感受，他們會知道你在傾聽，明白你了解他們的經驗和他們的處境，從而更願意聽取**你**所要表達的內容。

顯然，你無法實際「傾聽」個別讀者的感受。你做的是單向溝通，必須同時傳達給許多不同的人，但你仍然可以盡力以讀者的視角來看待世界，特別是看待你的產品。

以下是一些值得思考的問題：

- 你的讀者怎麼看待現在的自己？未來的自己又是什麼模樣？
- 別人如何看待他們？他們**認為**別人如何看待他們？他們希望別人如何看待他們？
- 他們想成為怎樣的人？
- 什麼讓他們感覺好或不好？在生活中，他們想要更多什麼？想要更少什麼？

- 他們期待的是什麼？哪些事情能喚起他們的美好回憶？
- 他們試圖解決什麼問題？是什麼阻礙他們達成目標？
- 他們面臨哪些威脅？什麼事情可能讓他們的生活更糟？他們有什麼力量來抵抗或改變這些威脅？
- 他們現在在想什麼？有哪些事情是他們**避免**去想的？什麼讓他們徹夜難眠？
- 他們如何看待這個世界？什麼讓他們感到快樂、悲傷、憤怒、憐憫、興奮、安全、焦慮、懷舊、遺憾、煩惱、沮喪、不安、充滿熱情，或者勇於冒險？
- 他們對你正在撰寫的產品或品牌（或類似的產品或品牌），有什麼感覺？

同理心不是像精靈的仙塵那樣，只須撒一點在你原本的話語上，就能發揮神奇效果。同理心應該是訊息的核心。

正如作家阿內絲‧尼恩（Anaïs Nin）所說：「我們看到的並非事物本來的樣子，而是我們內心的投射。」[6] 即使你提出再多的客觀事實和理性論點，但如果這些內容與讀者的信念相衝突，他們就不太可能接受。心理學家稱這種現象為「確認偏誤」（confirmation bias）：當訊息證實了人們已經知道或相信的事情，他們就會抓住不放。但如果訊息挑戰了他們的世界觀，他們則會排斥。換句話說，人們通常不會改變自己的觀點。

這就是為什麼你的任務不是違背讀者的意願，把他們拖過

橋,而是從他們的角度看待事物,讓他們**想要**過橋。我們會在第12章談到說服的時候,進一步探討這個觀點。

然而,並非所有購買行為都受深層情感所驅使。有時,人們只是需要一個能完成任務的產品,他們的需求非常簡單。例如,消費者購買Ronseal®的塗料,是因為他們需要保護木製品。他們想要價格實惠、易於使用、耐用且外觀好看的產品,僅此而已。而該品牌的著名標語,便將產品精準定位成「滿足需求的最佳選擇」:

完全發揮鐵罐上所述的功效。(Does exactly what it says on the tin.)

對於想完成任務的屋主而言,Ronseal®的著名標語打中了心坎
經RONSEAL® UK授權轉載。

這是否意味著Ronseal®的買家不受情感因素的影響？當然不是。只不過他們的感受，來自於對品牌的信任和產品實用性的吸引力。當屋主選擇Ronseal®時，他們會因為找到「有效」的產品而感到放心和滿意。

了解讀者的最直接方法

了解讀者的最直接方法，是與使用過該產品或同類產品的人交談。他們可能會告訴你為什麼喜歡這款產品，或者該產品如何幫助他們，這能讓你更容易與他們產生共鳴。（他們甚至可能會提到某些缺點，建議你需要處理的反對意見，或應避開的問題領域。）如果你無法透過客戶聯繫到顧客，你的家人、朋友或同事中，也許會有人用過該產品或類似產品。

不過，請記住，人們可能從未表達出購買產品時的情感動機——不會對你說，也不會對朋友說，甚至可能自己也未曾意識到。如果你問他們原因，他們會提供理性的回答，但這可能不是促使他們購買的實際原因。因此，除了考慮客戶所說的話之外，觀察他們的行為也同樣重要。[7]

類似的觀點也適用於B2B情境。許多公司聲稱注重品質或創新，但你與他們合作時，可能會發現他們其實更在乎降低成本和規避風險。所以，若你了解B2B讀者所屬的公司文化，便更能與他們產生共鳴。

你還可以從其他角度，獲取更全面的視角。例如，客戶可能會提供市場或行業研究報告供你參考。你也可以與那些和顧客直接接觸、最了解他們的人交談，像是銷售人員、管理團隊或客服人員。雖然你收集的資訊可能並不適用於所有地區的買家，但仍是極具價值的起點。

線上資源也非常有用。瀏覽像英國知名育兒網站Mumsnet的論壇，或亞馬遜等購物網站上的評論，可以讓你看到人們對各類產品的正面與負面評價。針對更具體的專案問題，你可以在Quora（quora.com）或Answers.com上提出問題，讓真實使用者為你提供解答。

打造人物誌：讓目標客群的輪廓，立體再立體！

如果你有興趣，可以具象化讀者的輪廓，創建出一個（虛擬）角色，也就是行銷界所說的「人物誌」（persona）。以下是針對流行耳機的人物誌範例：

> 艾拉16歲，住在家中，擁有足夠的可支配收入來購買電子產品。她熱愛音樂，無論在家還是外出，只要有機會就會戴上耳機聽音樂。
>
> 對艾拉來說，音樂不僅僅是一種興趣或配件，更是她表達自我和展現身分認同的方式。她想要融入社交圈，但同時

也想透過一些小細節,來展現個人特色。[8] 她喜歡高品質的產品,但不喜歡誇張或華麗的東西。最重要的是,她不想要任何看起來像父母會買的東西。

另一種方法是揣摩讀者典型的一天。他們會做什麼、去哪裡、與哪些人接觸?他們閱讀哪些書、看哪些影片、聽哪些音樂?他們在想什麼、有什麼感受?他們接收到哪些行銷訊息,對那些訊息有何看法?[9]

設定人物誌有其優缺點。優點是可以幫助你將讀者當成個體,從而更有針對性地撰寫文案(第10章會更詳細說明)。然而,詳細的人物誌也可能讓你認為某些特徵比實際情況更普遍,這在心理學中稱為「合取謬誤」(conjunction fallacy)。[10] 即使你的虛構讀者形象看似具說服力,但他們畢竟是不存在的,而且可能還有許多同樣重要且合理的客群資料未納入考量,單一假想的人物會使你的視野過於狹隘。

想一想,你的文案目標是什麼?

在確定讀者是誰之後,就要決定你希望他們成為什麼樣的人。你期待文案如何影響他們?你想要他們在閱讀後**知道**什麼、**感受**到什麼,或採取什麼**行動**?

大多數文案的目的是推銷產品,在這種情況下,你顯然希望

讀者會購買，這就是「行動」的部分。然而，過程並非這麼簡單。在達成銷售之前，讀者可能還需要「知道」某些資訊，或「感受」到某些情緒。

首先，根據顧客旅程（customer journey）或銷售漏斗（sales funnel）的不同階段，你可能需要撰寫不同目標的文案。例如，如果你銷售的是雙層玻璃，可以先撰寫一份線上買家指南，解釋不同類型的窗戶，為讀者提供資訊（知道），並建立他們對品牌的信任（感受），但不直接推銷產品。然後，你可以將他們引導至一個登陸頁面（landing page，按：指為行銷或廣告活動而設計的頁面，目標是在最短時間讓訪客透過該頁面採取特定行動，如預約、註冊或訂閱等等），鼓勵他們聯繫以索取報價（行動）。若直接催促網站訪客索取報價，對於那些還沒有準備好做出決定，或需要更多商品資訊的潛在顧客來說，恐怕會適得其反。

其次，你的目標說不定根本就不是銷售產品。比方說，你是為慈善機構撰稿，在這種情況下，你的目標是告訴讀者你的理念（知道），然後讓他們產生同理心（感受），最終捐款（行動）。若直接要求他們捐款，恐怕效果不佳。

第三，你的目標或許是建立品牌知名度，而不是銷售產品。對於此類專案，你希望人們對品牌留下正面的印象（感受），並記住品牌（知道），這樣未來有購買需求時，他們就更有可能選擇這個品牌。但你現在並沒有直接要求他們採取行動。

最後，你也許在為公共部門組織撰寫文案，其目標是向讀者

介紹服務,所以你只是想讓讀者知道資訊,而不一定希望他們有任何特別的感受或行動。

以下是一些例子:

你希望讀者……

	知道	感受	行動
起司零食的電視廣告	這些零食非常美味,而且是用真正的起司製成的。	「看起來不錯,我想嘗嘗看。」	購買零食。
雙層玻璃買家指南	不同類型窗戶的資訊及其適用場所。	「這份指南看起來很有用且值得信賴。」「也許我們應該換新窗戶。」	點擊進入登陸頁面。
雙層玻璃的登陸頁面	介紹我們可以提供並安裝各種類型的雙層玻璃。	「我們真的需要新窗戶。」「不知道要花多少錢?」	填寫線上詢價表單。
野生動物慈善機構的郵寄照片	展示本土鳥類在冬季的困境。	「可憐的鳥兒!我想幫助牠們。」	捐款。
無文案的香水廣告	—	「我想像她那樣。」	購買香水。
政府的稅務網站	說明新稅法對你的影響。	—	閱讀網站內容。

無論你的目標是什麼，都需要考慮讀者會在何地，以及用何種方式看到你的文案。如果讀者在做其他事情，文案是否會打擾到他們？還是他們會主動搜尋這類資訊？畢竟，主動在網路上搜尋產品和在街上看到海報，兩者之間有很大的差別。

> **實戰練習　分析廣告的讀者和目標**
>
> 留意你在看電視、瀏覽網頁或外出時，所看到的廣告。
>
> 它們的目標受眾是誰？你如何判斷的？
>
> 這些廣告是否考慮到讀者當下在做什麼？
>
> 它們訴諸於哪些欲望或感受？
>
> 它們希望讓讀者想什麼、感受到什麼或採取哪些行動？

Chapter 4

有了好 brief，才有好文案

將 brief 寫下來可以讓你理清思路，並集中精力，
更是評估文案成效的重要標準。

寫文案，也需要「規則書」

　　我們研究了產品與利益、目標讀者，以及希望他們採取的行動。現在，就能將這些內容整合成文案專案的書面 brief 中，如下頁圖所示。

　　文案 brief 就是一份文件，用於說明文案需要做的事情。它是文案撰寫專案的任務宣言，幫助你在動筆之前了解目標。

　　此外，brief 也是評估文案成效的重要標準。在撰寫文案的過程中，你可以檢視文案，問自己：「這份文案是否符合 brief 的要求，或者符合 brief 的一部分？」如果是，那很好。萬一不是，恐怕需要重新調整文案，或考慮 brief 內容是否合適。

產品
這是什麼？
它有哪些功能？

將特色轉化為利益

利益
產品如何幫助人們？

讓產品利益貼近讀者需求，並激發興趣

讀者
他們的生活方式？
他們的需求？
他們的感受？

影響讀者

目的
你想讓讀者知道什麼、感受到什麼或採取哪些行動？

文案 brief 的基本要素

透過brief建立共識，保持一致的目標，有助於專案順利推進。畢竟，如果不同參與者對文案內容存有分歧，專案就可能卡關。相反的，若在初期就能透過brief釐清概念差異，避免認知落差，後續執行往往會更加順利。

寫下 brief，讓概念發展更順利

如果你直接為客戶工作，他們可能會提供一份brief，或者僅僅記下一些想法；也可能什麼都沒有提供，期待你來主導。不管是哪種情況，你都需要獲得一份可用的brief，即使這意味著你需要親自撰寫，並獲得客戶的批准，也應該如此。

如果你是與廣告代理商合作的接案者，他們可能會代表客戶撰寫一份brief。要是代理商沒有提供，你應該與他們討論專案，清楚了解需要達成的目標。或者，他們可能會請你直接與客戶溝通。無論如何，只要能獲得所需的資訊，方法並不重要。

隨著經驗的積累，你可能不再需要將brief寫在紙上，尤其是對於小型專案，brief的內容或許已深植於腦海中。或者，你可能覺得撰寫或討論brief只是浪費時間，拖延專案進度，與其如此還不如直接開始撰寫文案。然而，即使你是獨立作業，將brief寫下來仍然是個好方法，可以讓你理清思路，集中精力。

9 大面向,讓你做好 brief

以下是一些可以納入文案 brief 的要點,從最基本的內容開始,逐步發展:

產品:
- 產品是什麼?
- 適合的對象是誰?
- 它有什麼功能?
- 如何運作?
- 人們如何購買和使用這個產品?

利益:
- 產品如何幫助人們?
- 最核心的利益是什麼?

讀者:
- 你是為誰撰寫的?
- 他們的生活方式?
- 他們的需求?
- 他們的感受?
- 他們對這款產品或此類產品的了解程度?
- 他們是否已經在使用類似的產品?

目標:

- 你希望讀者在閱讀這份文案後採取什麼行動、產生什麼想法,或有何感受?
- 當他們接觸到這份文案時,可能處於什麼情境?

格式:

- 文案將用於哪些平台或媒介?(如銷售信、網頁、YouTube影片等。)
- 需要多長的篇幅?(如500字、10頁、30秒等。)
- 文案的結構應該如何?(如主標題、副標題、側邊欄、重要引述區塊、CTA等。)
- 可能涉及哪些其他類型的內容?(如圖像、圖表、影片、音樂等。)

語氣:

- 文案應該嚴肅、輕鬆、感性、充滿活力、慵懶,還是其他風格?

限制條件:

- 是否有篇幅限制?
- 是否有任何必須包含或排除的內容?
- 法律規範(如關於科學或健康聲明的規定、禁用詞彙、商標相關法規等)。
- 文案是否需要與現有的文案、或未來將撰寫的內容,保持一致性?
- 文案是否會成為整體行銷活動的一部分,因此不同的點子

必須延續相同的行銷方向（見第8章的「文案撰寫的黃金標準」。）
- 文案將出現在哪些國家？（無論是用原文或翻譯版本。）
- 搜尋引擎優化（SEO）的要求（例如，標題中應包含熱門的搜尋詞。）
- 品牌或語氣的指南（見第14章的「8大要點，制定品牌語氣指南」。）

其他背景資訊：
- 產品（開發歷史、使用案例、技術規格、行銷通路、零售方式、購買流程、購買途徑、行銷策略等。）
- 產品的市場定位（價位、優惠與折扣、顧客觀感、競爭對手分析。）
- 目標市場（市場規模、發展歷史、代表性的消費者輪廓、行銷人物誌。）
- 客戶（歷史背景、現況、文化氛圍、團隊架構、價值觀。）
- 品牌（歷史、定位、核心價值。）

專案管理重點：
- 時間表（文案計畫、初稿、修改意見、最終文案、批准的日期。）
- 誰將提供改稿建議，以及提出建議的方式。
- 誰將批准最終文案，以及批准的方式。

- 文案的交稿方式（通常是Word檔案，但並不一定。）

這些要點只是建議，並無固定的brief格式、架構或篇幅。它可以是一份長篇的正式文件，完整涵蓋所有上述要點；也可以是簡短的電子郵件往來。關鍵在於獲取必要的資訊，並與客戶就專案目標達成共識。

標準的 brief 是怎樣的？範例參考

以下是基本文案brief的範例，重點在於要撰寫的文案內容，而非專案管理的方式：

文案 brief：
***Wind-O* 雙層玻璃的登陸頁面**

撰寫一篇750–1,000字的登陸頁面，推廣 *Wind-O* 的氣密式雙層玻璃製造和安裝服務。

我們的目標客戶是擁有一定可支配收入或儲蓄的中年或退休的老屋屋主。他們考慮安裝雙層玻璃來改善房屋的外觀、隔音或提升節能效果。他們也注重房產的價值，但更多是為了留給後代，而非計畫搬遷。

他們對浮誇的推銷員和黑心公司存有戒心。他們希望覺得自己做了明智的選擇。他們重視服務，希望被細心對待。

他們可能是首次接觸雙層玻璃，因此對整個流程並不了解。

文案應解釋氣密式雙層玻璃原則上是一個明智的選擇，以及 *Wind-O* 產品的技術優勢。提及我們在市場上的強大地位（銷售額排名第五）、價格實惠，以及產品種類的多樣性。逐步描述我們的服務，並解釋我們如何使整個過程盡可能簡單省事。使用精選的客戶感言，並提及我們有30天的退款保證。

鼓勵人們填寫線上表單，以索取報價，並在整個頁面中反覆強調CTA。使用副標題和摘錄內容，來吸引快速瀏覽的讀者。

稍後我們將更詳細地討論以上要點。文案的「循序漸進」架構將在第6章討論，而CTA將在第7章介紹。說服技巧，包括權威原則（市場定位）和社會證明原則（客戶見證）則會在第12章說明。

Brief，策略思考的核心

每項文案任務都需要一份簡單明確的brief。人們很容易對文案提出太多要求，或者設定其實會彼此矛盾的目標。而在開始之前，思考和討論brief，是解決這些問題的最佳方式。

這並不表示撰寫文案只有一種固定的方法，可能有數百種方

產品
你在銷售什麼？

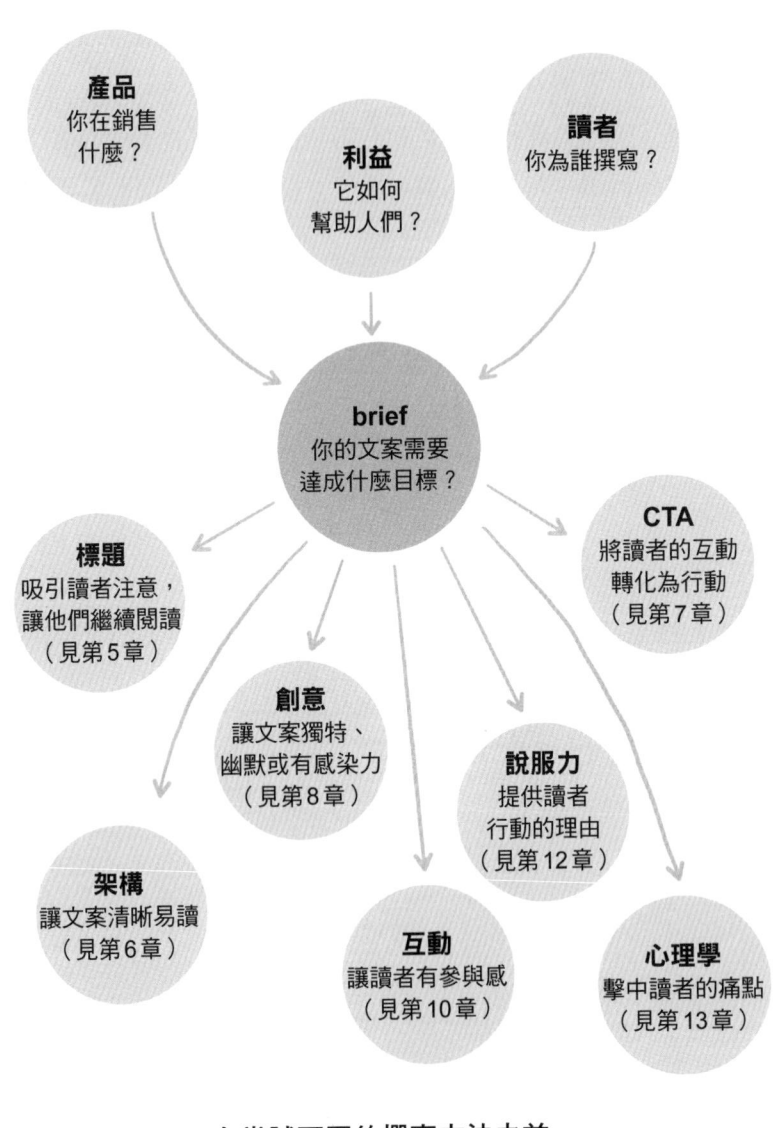

利益
它如何幫助人們？

讀者
你為誰撰寫？

brief
你的文案需要達成什麼目標？

標題
吸引讀者注意，讓他們繼續閱讀
（見第5章）

CTA
將讀者的互動轉化為行動
（見第7章）

創意
讓文案獨特、幽默或有感染力
（見第8章）

說服力
提供讀者行動的理由
（見第12章）

架構
讓文案清晰易讀
（見第6章）

互動
讓讀者有參與感
（見第10章）

心理學
擊中讀者的痛點
（見第13章）

在嘗試不同的撰寫方法之前，
確保你的目標與 brief 緊密結合

法可以完成文案,而且每位撰稿人也都有不同的處理方式。你說不定也想嘗試多種方法來應對相同的 brief,特別是針對廣告或標語等專案。不過,那些都只是執行方法的不同,並不會動搖決定好的策略和目標。無論採用哪種方法,brief 的核心內容始終保持不變。

如前頁的圖所示,制定 brief 在於**整合**思緒:進行非此即彼的選擇,讓計畫簡單明瞭。一旦確定了 brief,就可以進行**發散**思考:探索多種不同的方法來回應 brief,並撰寫出你的文案,這也正是本書第二部分的重點所在。

PART II
撰寫文案

從開頭到結尾的寫作技藝

Copywriting

Chapter 5

8大標題設計技巧，讓下標變得簡單

接下來要介紹一些實證有效的標題類型，
它能吸引眼球，並讓人們想繼續閱讀。

閱讀標題的人數，是閱讀正文的五倍

標題是文案開頭的短語或句子，可以是雜誌廣告或海報上的口號、電子郵件的主旨、部落格文章的標題、網頁的主標題等等。

行銷標題與報紙和雜誌的標題具有相同的作用：吸引眼球，並讓人們想繼續閱讀。奧格威發現，閱讀標題的人數，是閱讀正文的五倍。[1] 因此，花時間打造一個好的標題非常值得，因為它可能是唯一能傳達訊息的機會。事實上，對於某些專案，例如戶外海報，標題甚至可能是文案的全部內容。

即使是經驗豐富的文案寫手，要寫出好的標題也可能很困

難。有時候，先撰寫正文，再回頭思考合適的標題會更容易。另外，提出幾個不同的標題構想，然後加以比較，選出最好的一個，也是值得一試的方法。

接下來要介紹一些實證有效的標題類型，且適用於多種情境。在第8章，我們還會探討更大膽的創新方式。

簡單直白型標題：直接表達，真誠有力

最簡單的標題類型，就是直接說明產品是什麼，以及其用途。基本公式是：「〔產品〕是一種〔描述〕，可以幫助你〔採取行動〕。」比方說：

> 亞馬遜的一鍵購物鈕（Dash Button）是一款連接Wi-Fi的裝置，只須按一下按鈕即可重新訂購你最喜歡的產品。

這種方法的優點在於完全透明，它向讀者提供了非常明確的服務項目，然後讀者可以決定是否要繼續閱讀。除了有效之外，也給人誠實簡單的良好印象。

簡潔描述性的標題非常適合資訊型專案，你可以用標題清楚地告訴讀者文案的內容。例如：

> 如何使用基本的家用工具，修理爆裂的水管

無論你的專案目標是什麼，直接描述對於SEO非常有效，這種方式有助於Google的演算法把你的網頁列為特定主題的相關結果，並提高人們從搜尋結果點擊進入的機率。

主題性標題：讓讀者知道「這是為你準備的」

標題具備開場白的作用，告訴讀者你想談論什麼。在大多數情況下，你希望讀者一目了然地理解文案的內容，這樣他們就會明白文案是以他們為對象。如果他們不明白，可能會停止閱讀，而你的訊息恐怕永遠無法傳達給他們。

內容要具體明確，請記住，你不需要吸引所有人的注意力，只需要吸引你在第3章中確認的目標讀者即可。試圖面面俱到只會削弱標題的效果，最終誰也吸引不到。

此外，標題也為整篇文案定調。無論你的標題是詼諧的、嚴肅的，或帶有商務風格，這表示接下來的內容也要延續相同的風格。因此，標題不僅要傳達內容主題，還要向讀者暗示你將用怎樣的方式來表達。

雲端專案管理服務Basecamp的首頁標題與副標題，是很好的範例，展示了如何運用特定、具主題性的標題：

Basecamp解決了每個成長中企業所面臨的關鍵問題

這是一種更理智、更冷靜、有條理的專案管理方式，能

促進全公司的溝通。

從一開始,我們就能清楚知道,這個頁面是鎖定年輕企業主或經理,他們需要專案管理和溝通方面的協助。這些讀者會專注地閱讀下去,其他不感興趣的人則會離開頁面,而這正是Basecamp想要的效果。

超過100,000名付費顧客　　　　　　　登入　學習　支援　價格

Basecamp
2017年是齊心協力的一年

Basecamp解決了每個成長中企業所面臨的關鍵問題

這是一種更理智、更冷靜、有條理的專案管理方式,
能促進全公司的溝通。

Basecamp的首頁標題讓主題清晰明確
經 BASECAMP(BASECAMP.COM)授權轉載。

利益式標題:告訴讀者可以得到什麼好處

讀者第一次接觸你的文案時,他們會想:「這對我有什麼好處?」此時,他們甚至還沒考慮產品能帶來的好處,而是在判斷是否值得繼續閱讀你的文案。因此,你的標題就像「替廣告打廣

告」,就如同書籍封面是推銷書本的廣告一樣。

吸引讀者的最佳方法,是在標題中納入利益。一個展示利益的標題就像在說:「嘿,這是你可能會喜歡的東西,可以跟你介紹一下嗎?」沒有什麼比直接呈現利益更能引起讀者的興趣了,這就是為什麼帶有利益的標題特別有效。

以下是一些例子,這些標題既提供了好處,又能針對特定讀者和介紹產品。

品牌	標題	目標讀者	提供的利益
Spoke London	**工藝精良,完美合身,工坊直送**	注重時尚的男性,年齡約20-50歲之間,不介意網購衣服。	品質、舒適、價格實惠(「工坊直送」暗示了這一點)。
Riverford 有機農場	**我們農場生產的有機蔬菜箱,從田間直達你家餐桌**	注重健康、環保的廚師。	烹飪更美味、更健康的食物。簡單的購買流程。
MyFitnessPal	**透過 MyFitnessPal App 減重** 最高效且好上手的卡路里計算器	想減重的 App 使用者。	擁有苗條健康的身材。使用方便。
英國皇家鳥類保護協會（RSPB）	**支持「自然家園基金」** 你可以提供大自然生存和繁榮所需的空間	關心自然和環境的人。	幫助公益事業。感受行善的滿足。

品牌	標題	目標讀者	提供的利益
Bytestart	適用於新創公司和小型企業的60秒增值稅指南	需要了解增值稅的公司業主。	獲得寶貴的知識。節省時間。

不要在標題中塞入太多利益。最多標榜一到兩項利益，其餘的內容可以留到正文中說明。如果你覺得有多個同樣重要的利益需要提前說明，可以採用像MyFitnessPal那樣的標題／副標題方法來處理。

對於像上面Bytestart那樣的內容行銷文案，其利益在於文案本身的資訊、趣味或娛樂價值上。在Bytestart的案例中，標題承諾能夠快速地提供實用的資訊，這本身就是一項利益，也顯示出對新創公司創辦人繁忙生活的同理心。

懸念型標題：激發讀者的好奇心

讓讀者繼續閱讀，是文案寫作的一大重點。事實上，你甚至可以說，你**唯一**的任務就是讓讀者閱讀下一句話。如果能讓他們一路讀到文案的結尾，那你就做得非常出色了。

如前所述，在吸引讀者方面，展現好處是經過驗證且可靠的方法，但並非唯一的方法。你也可以寫一些不那麼直接的內容，激起讀者的好奇心。然後，當他們被吸引開始閱讀後，再透露更

多細節,將標題與產品聯繫起來,並呈現一些利益。例如:

電量剩下10%

這是我星期二早上最不想看到的字眼了。我正趕往一場重要的宣傳會議,途中還在用電子郵件來敲定我們的提案。萬一手機沒電了,完成交易的希望也隨之破滅。

要是我早知道 *PhoneZing* 便攜式電池組的存在,或者在公事包裡放一個,就不會發生這種事了。這樣我的手機電量充足,足夠跑倫敦十趟,還能隨心所欲發送電子郵件。

這種寫法是以「讓讀者瞬間有共鳴」來碰運氣,目的是贏得他們的長期興趣。像「電量剩下10%」這樣的標題,並沒有說明產品的功能,但確實點到讀者可能有過的經驗。如果這種策略成功,比起利益式標題(如「在路上給手機充電」),它更能吸引讀者的注意力,激發他們的好奇心。

提問式標題:讓讀者下意識想找到答案

在標題中提問有效嗎?答案是肯定的,前提是讀者按照你的期望做出回應。

最簡單的方法是提出引導性問題,讓讀者回答「是」或「否」。

比方說,「想在房屋保險上省錢嗎?」

答案非常明顯。實際上,它只是用更具吸引力的方式,表達「在房屋保險上省錢」。然而,讀者心中默默回答「是」時,就足以產生心理差異,從被動接受轉向主動同意。

更進階的方法則能帶來更強的情緒共鳴。例如,Cleanhome 提出的這些問題:

對家事感到厭煩嗎?

你的工作時間長嗎?

你是否累到無法打掃?

你寧願多花時間陪伴朋友和家人嗎?

這些問題更接近我們在第3章中探討的內容:讀者的個人情況、他們對這個情況的感受,以及他們想要改變的事情。請注意這些問題如何循序漸進地引導讀者,從現有處境(工作),到問題後果(過於疲憊),最後到產品能帶來的更長遠利益(更多陪伴親友的時間)。

但是,要避免問過頭。畢竟,問題可能會讓人有壓迫感,而且會迫使讀者去思考。如果一連問太多問題,讀者可能會感到有點煩躁。與其用問題盤問讀者,讓他無法回答,不如直接陳述你想傳達的話。

其他問題則鼓勵讀者更深入地反思自己和自己的處境。在神經語言程式學（neuro-linguistic programming，NLP）中，這類問題稱為「檢定語言模式」（meta model）問題。它們通常以「什麼」或「如何」開頭，邀請讀者提供深思熟慮的描述性回答，而不是單純的「是」或「否」。

例如，英國郵局的標語邀請人們想像如何使用郵政服務：

<u>你</u>要寄什麼？

Farmfoods超市的標題也採用類似的方法，但將問題與利益（低價）聯繫起來：

<u>你</u>會如何運用省下來的錢？

透過這類問題，你可以引導讀者開始想像他們的未來，並用你的文案把產品定位為實現這個未來的第一步。

然而，並非所有問題都能如此有效。有些問題反而會造成反效果，如「為什麼不？」這類提問：

為什麼不試試我們全新的精選套餐？

雖然精選套餐的好處顯而易見：價格實惠且透明，但「為什

麼不？」這種問題卻可能讓讀者找理由「拒絕」，比如：「我從未去過那裡」、「我可能不喜歡這些選擇」等等。這是一個你不希望讀者真正回答的問題。因此，與其問「為什麼不？」不如發出更強烈的命令來傳遞訊息。

最後，還有一些修辭型問句也可以是有效的工具，就像1970年代Black Magic®（英國Rowntree's創立的巧克力品牌，公司後來由雀巢收購）著名的廣告口號。

　　誰知道黑魔法盒的祕密？

這種提問顯然不需要回答——「誰知道？」的意思是「沒人知道」。如果這樣的問題奏效，就能為產品增添神祕感和吸引力。但要是不奏效，答案可能變成「誰在乎？」

解釋類標題：保證讀者會得到洞見

如果你需要在推銷產品之前，先向讀者解釋某些事物，這種方式非常適用。標題承諾有實用或有趣的知識，而正文則進一步提供這些內容。

「為什麼」這個詞之所以強大，是因為它既能帶來洞見，又能提供資訊。它讓讀者覺得自己能獲得更深入的理解，而不僅僅是看到一堆事實。例如：

為什麼你的辦公室伺服器可能很快就會過時？

你或許認為伺服器是辦公室網路的核心，但越來越多的企業在淘汰伺服器。把你的重要資料轉移到雲端，你就可以安全存取這些資料，還能免去在組織內部存放硬體所帶來的麻煩和費用。

如上述例子所示，在表達中增添一些戲劇化色彩並無不可。事實上，本地伺服器對許多企業來說仍然非常重要，遠遠談不上「過時」。但文案需要一點趣味性來吸引讀者，否則他們看一眼就興趣全無了。

新訊型標題：人本能喜歡新鮮事

帶有最新消息的標題的魅力在於，它向讀者承諾了一些他們以前無法獲得的資訊或利益，從而打破了他們「不感興趣」或「不需要」的本能反應。如果你確實提供了新產品或新事物，他們必須了解更多資訊才能判斷是否適合自己。

畢竟，每個人都喜歡新鮮感。新鮮的事物總是比千篇一律更有趣，除非讀者對現有的東西100%滿意。但話說回來，人總是這山望著那山高，很難滿足於現狀。

此外，新鮮感通常意味著進步。因此，無論讀者對產品的認識有多深入，「新訊」仍然能提供額外的好處，即便產品本身只

有些微的改良。

為了傳遞新鮮感,你可以使用「全新」、「現在」、「推出」、「發現」、「了解」等詞彙:

> 現在推出全新購車方式,讓你買車不用到展間!

為了讓這種方式有效,你的消息需要真正值得分享。你可能買過「全新改良的」產品,例如洗衣粉,但你很難說出實際上有什麼改變。如果你所謂的消息並不是什麼大不了的事,應該考慮其他更能呈現產品利益的方式,避免讓讀者感到失望。

命令式標題:塑造情境,激發讀者立刻行動

勇敢一點,使用命令句。直接告訴讀者該怎麼做,將你的目標與文案直接連結起來。現在就行動吧!

命令具有強大作用,它們之所以能引起注意力,是因為在日常生活中,我們很少收到這麼簡單明確的命令。除非你穿著制服,否則即使在工作場合,上級的指示通常也會以「你覺得你能⋯⋯嗎?」或「可以請你⋯⋯嗎?」這樣的委婉語氣表達。

在文案中,使用命令的主要方式之一,就是CTA(見第7章),但它們也可以用於標題。

有時,命令的效果類似於描述利益。比方說,以下是知名皮

件品牌Bellroy宣傳其小巧錢包的標題：

為您的錢包瘦身

除了試用這個產品之外，這句話並沒有告訴讀者要做什麼。讀者得到的訊息是，「買我們的產品，讓你的錢包變得更纖巧」。但這仍然是強而有力的訊息，而且僅用了七個字來傳達。

Bellroy給讀者一個簡單清晰的命令
經Bellroy授權轉載。

更高層次的命令可能會帶來激勵效果，就像Nike的經典口號那樣，鼓勵客戶追求更好的表現，實現更高的目標：

Just Do It.

然而，命令不一定要那麼讓人有壓迫感，它們也可以單純地鼓勵讀者做他們本來就很想做的事情。雀巢旗下的KitKat®這句著名口號，便是絕佳的例子：

休息一下，吃個KitKat！

更溫和的方法是談論不太具體的事情，引導讀者進入特定的心境，例如：

想像一下，沒有財務煩惱的生活

> **實戰練習　觀察身邊的標題**
>
> 留意你在報紙、電視、巴士車身等任何地方看到的行銷標題。
> 標題的目標讀者是否明確？你是如何判斷的？
> 標題如何發揮作用？它想讓讀者產生什麼反應？它是否提供了任何利益？如果有，利益是如何表達出來的？

Chapter 6

架構抓得好，文案垮不了

你的文案需要讓讀者繼續閱讀下去。
這不僅意味著使用合適的內容，而且還要按照正確的順序表達。

為什麼文案架構很重要？

正如我們所見，你的文案需要讓讀者繼續閱讀下去。這不僅意味著使用合適的內容，而且還要按照正確的順序表達。良好的架構可以讓你的論點在讀者腦海中清楚、有條理地展開，避免混亂。同時也讓讀者的閱讀體驗更輕鬆愉快，因此他們更有可能記住你的訊息並採取行動。

本章將介紹幾種組織文案的方法。你可以選擇其中一種作為整個專案的架構，也可以針對不同部分採用不一樣的方法，然後將不同部分組合起來。

寫文案,也需要計畫

儘管你可能忍不住想直接開始撰寫,但若能在撰寫前先規畫,通常可以在更短時間內取得更佳的成果。

首先,記下你想涵蓋的所有主要想法。這些想法都將成為你最終文案中的一個段落。你可以將這些想法寫在紙條或便利貼上,或者直接輸入到文檔中。然後,一旦你列出所有想法後,就移動主題,調整並排列這些主題,直到它們呈現出一個邏輯清晰的結構。

讓我們回到第4章 *Wind-O* 的 brief,這是一個向屋主宣傳雙層玻璃的登陸頁面。以下是可能的文案計畫:

標題:談論物超所值的絕佳家居裝修方案

開頭:H夫婦的故事,他們用了黑心窗戶公司的產品而悔不當初。

為什麼H夫婦的想法基本上是對的:使用雙層玻璃提升居住品質,讓房屋增值,收回成本(以事實和數據來支持這一點)。

其他利益:美觀、隔音、節能。

為什麼要小心黑心產品。

如何挑選好的雙層玻璃公司。

Wind-O 如何滿足所有條件:優質產品、成熟的公司

（客戶安裝實例）、注重服務。

客戶評價。

當你聯絡我們之後，後續還會有勘察、報價、選擇、安裝、售後服務等步驟，一步一步進行。

特別優惠。

CTA：填寫表單，獲取報價。

這個計畫運用了一些本章將介紹的文案塑造技巧：從講故事開始、採用 AIDA 架構、解決問題，同時提供讀者資訊，並逐步帶領他們完成整個過程。

如果文章較長，你可能要在文案計畫中，加上副標題，先抓出幾個核心的大方向，再搭配具體的主題。

在規畫階段，專注於規畫即可。計畫中的措辭並不一定要用於實際的文案中。如果你對某些用詞或短語猶豫不決，可以把它們記錄在別處，然後專注於計畫。在這個階段，你的目標是將所有的想法整合起來。

6 大技巧，寫好文案開頭

開頭在文案中的重要性僅次於標題，其難度幾乎與標題相當。開頭需要抓住讀者的注意力，激發他們繼續閱讀的興趣，同時表明你將實現標題所承諾的內容。以下是一些建議。

如果你的標題中沒有包含問題（見第5章的「提問式標題：讓讀者下意識想找到答案」），可以在開頭用問題作為切入點。例如：

> 是什麼讓你的公司停滯不前？對於許多服務業來說，留住客戶是成敗的關鍵。

或者，講故事也是極佳的開場方式，因為讀者想知道接下來的發展：

> 吉姆難以置信地盯著試算表，公司怎麼會在這麼短的時間內流失掉這麼多客戶？如果他要給老闆看這些數字，勢必也要說明自己的補救計畫。

如此的故事開頭，尤其是從故事的中間開始敘述，往往能營造更強的戲劇張力。如果在文案的開頭加入大量吉姆的工作背景或公司情況，可能會立即讓讀者失去興趣。但若直接把讀者帶入故事的核心，能讓文案更具沉浸感。（第10章將探討講故事的技巧。）

你可以使用「如果這件事發生，就要做那件事」的方式，直接在「讀者的現狀」和「他們想要的改變」之間建立邏輯連結：

如果你經營一家快速成長的公司,就需要確保客戶持續光顧。

或者你可以用隱喻,以吸引人的畫面來傳達相同的訊息:

你不會試圖裝滿一個有漏洞的水桶。然而,如果企業主只考慮衝高營收,卻沒有設法留住客戶,他們就是朝一個有洞的水桶加水。

第8章將進一步探討隱喻的使用,而第10章會詳細介紹如何用具體語言描寫真實場景。

另一種方法是從讀者已經熟悉的概念切入,再扣回你可以提供的有用資訊:

相比爭取新客戶,向現有客戶推銷會更容易。那麼,該如何確保客戶長期忠於你的品牌?

在前文中,我們提到,要順應讀者的信念,而不是試圖打破它們。但你仍然可以說一些令人意外的話來吸引他們的注意。例如,喬治・歐威爾在《1984》中的開篇便是範例:

某個晴朗而寒冷的四月天,鐘敲響了十三下。

這句話既滿足了讀者的某些期望，又推翻預期，從而吸引了注意力。這句話的前半部描繪了我們熟悉的場景，讓我們能繼續看下去；但後半部分的「鐘敲響了十三下」卻暗示了非常異常的情況，引發我們的好奇心。

你可以在文案中做同樣的操作，針對讀者的情況說出一些意想不到的內容。這種做法表明你知道有價值且相關的資訊，但讀者尚不知情。比方說：

留住客戶的最佳方式，與服務無關，也與價格無關。

先寫中間內容，往往更輕鬆

與標題一樣，將開頭留到後面再寫，通常會更輕鬆。

首先，確定文案的核心內容，通常是關於產品利益的部分。（如果你和我一樣，腦中湧現了零散的細節和短語，這時候先不管順序，將所有想法記錄下來，稍後再進行組織。）

接著，寫下你的標題，並思考如何從這個起點引導讀者了解產品的利益。

最後，使用一些有說服力的觀點，連接到你的CTA（我們將在第12章中討論）。

你也可以寫一個暫時性的開頭，即使它未必完美，也無妨，

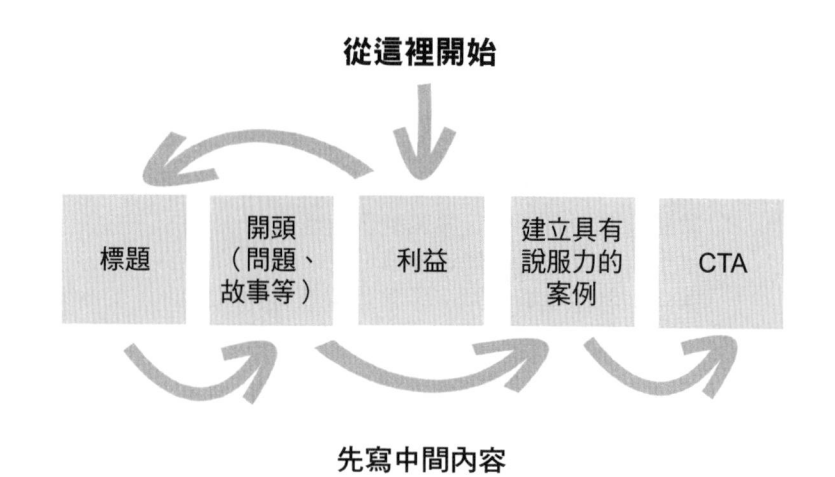

```
                    從這裡開始
                        ↓
  ┌──────┐  ┌──────┐  ┌──────┐  ┌──────┐  ┌──────┐
  │      │  │ 開頭 │  │      │  │建立具有│  │      │
  │ 標題 │  │(問題、│  │ 利益 │  │說服力的│  │ CTA │
  │      │  │故事等)│  │      │  │ 案例 │  │      │
  └──────┘  └──────┘  └──────┘  └──────┘  └──────┘

                    先寫中間內容
```

你之後可以回頭修改。

AIDA：文案寫作公式的始祖

在 Google 搜尋「文案撰寫公式」，你會找到數百個現成的文案框架，每一個都有簡潔易記的縮寫。事實上，有這麼多選擇，與其選出適合的，倒不如直接動筆來得更快。

沒有一種工具適合所有任務，你可能不想每次都使用公式，或過度依循公式。不過，文案公式仍然可以幫助你確認需要涵蓋的內容，或給你一個基本架構去延伸。

所有文案寫作公式的始祖便是 AIDA，代表注意力（Attention）、興趣（Interest）、欲望（Desire）、行動（Action）。許多

文案公式不是與AIDA類似,就是其延伸版本。以下是利用AIDA組織文案的一些構想:

注意力	撰寫吸引眼球的標題,讓讀者想讀下去(見第5章)。 告訴目標讀者,你正在和他們對話。 提供利益或問題的解決方案。 運用創意(見第8章),來激發讀者的興趣。
興趣	介紹產品及其功能。 從讀者的角度看待他們的處境或問題,並說明產品如何幫助他們(見第10章的「從讀者的處境出發,讓他們在文案中找到自己」)。 提供讀者所需的資訊,讓他們了解產品或產品的功能(見下文)。 講故事,如產品的製造過程,或產品受益者的見證(見第10章的「壞文案講道理,好文案說故事」)。
欲望	更詳細地描述產品的利益(見第2章),讓讀者對產品產生渴望。 喚起使用產品的體驗(見第10章的「打開五感,寫出讓讀者身臨其境的文案」)。 使用說服技巧(見第12章),強化產品的利益。 帶入社會證明,像是使用者見證、成功案例、專家背書或評論,表明其他人如何從該產品中受益(見第12章的「社會證明原則:『700萬人不會錯!』」)。
行動	重申核心利益或回到創意主題。 使用說服技巧(見第12章)來消除障礙、打消反對意見,讓讀者放心採取行動,或指出「不行動」的後果。 透過明確有力的CTA,告訴讀者下一步該做什麼(見第7章)。

我要說清楚一點，我並不是建議你的每一篇文案，都要納入上述提到的**所有**內容。這更像是一份選單，你可以根據專案的需求，靈活挑選適合的項目。

不要讓範本限制了你的文案創作。例如，「興趣」和「欲望」之間並不一定存在清晰的界限。所以，不要為了符合寫作框架而不斷重複相同的觀點。讓你的文案自由流暢地發展。

AIDA模型特別適合從頭到尾都有清楚結構的文案，如銷售信函或登陸頁面，能夠引導讀者從無感逐步走向採取行動，但這個模型同樣可以用來組織更大規模的專案。例如，下圖顯示了一家B2B公司的線上顧客旅程，該企業幫助其他公司遵守資料保護法的規定。

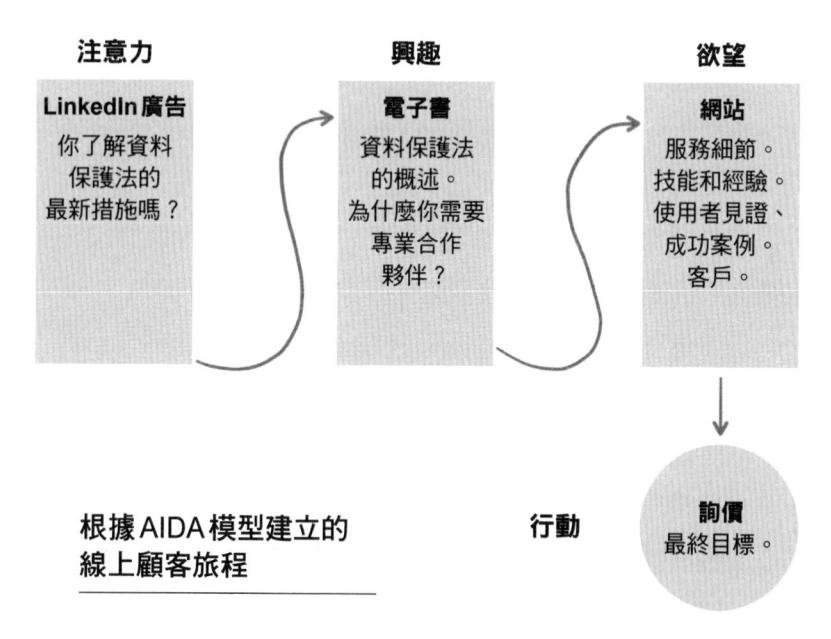

注意力
LinkedIn廣告
你了解資料保護法的最新措施嗎？

興趣
電子書
資料保護法的概述。
為什麼你需要專業合作夥伴？

欲望
網站
服務細節。
技能和經驗。
使用者見證、成功案例。
客戶。

行動
詢價
最終目標。

根據AIDA模型建立的線上顧客旅程

每段內容都對應到AIDA模型的一部分。首先，LinkedIn廣告以「未符合資料保護法的規定」為切入點，來引起讀者的注意力。等他們點擊廣告後，提供專為他們量身打造的電子書，而這本電子書最終會把他們帶到該公司的網站。當他們造訪網站時，服務頁面、成功案例和客戶評價會讓他們想要與該公司合作，並與該公司取得聯繫。

「提供問題的解方」，是架構文案的可靠方法

將產品定位為問題的解決方案，是架構文案的可靠方法。

你從困擾讀者的問題（或「痛點」）入手，這是你在第3章中已經分析過的部分。為了讓事情單純，最好專注於一個問題。

在標題中引出這個問題，而你也可能會提到解決方案。然後，正文部分更詳細地討論問題，並清楚地解釋產品如何解決問題。

換句話說，你可以將想要強調的利益，與讀者面臨的情況或他們想要改變的事情，結合起來。

以下是雲端儲存平台Dropbox發送的電子郵件範例：

> 沒有人想讓自己的心血淹沒在一堆電子郵件附件中，或一直掛念著客戶是否已查看發送的內容。像這些令人頭痛的問題不僅浪費時間，還會影響你的工作表現。

這正是我們推出 Dropbox Showcase 的原因，該功能是 Dropbox Professional 中的一項功能，能讓你在專業品牌頁面上分享所有的作品⋯⋯

　　這個範例針對特定的讀者群（設計師和其他創意人士），並在提供解決方案之前，討論他們面臨的特定問題（雜亂的工作流程）。

　　正如這個例子所示，「戳中痛點」是非常有效的策略。在提出解決方案之前，你可以花一些篇幅描述問題的嚴重性，或指出讀者可能尚未意識到的影響（例如，「你展現出什麼工作形象」）。接著，在解釋完解決方案後，你可以回到相同的主題，談論讀者不採取行動可能會面臨的後果，或者維持現狀的風險。

　　你可以分享自己曾經面臨相同的情況，讓問題／解決方案更吸引人：

我希望在創業時就知道的一件事

　　我記得當我像你現在一樣，努力讓自己的事業起步時，似乎每個人都會給我各種建議：如何成立公司、如何選擇辦公地點、如何建立網站。但我真正想知道的是，如何獲得高品質的潛在客戶，並透過舊客拉新客，來推動我的業務成長。

如果採用這種方法，你可能還需要建立「作者」的可信度，以便讀者相信你的觀點來自於真實經驗。在較長的銷售信函和登陸頁面中，有時會以專節來說明：「我是誰，以及為什麼你應該聽我的建議」。

用「認知 5 大階段」，找到最精準的溝通切角

想像一下，我跟你結婚了。現在是早上 7 點，我們還躺在床上。我轉過身對你說：「身為忙碌的家長，總是希望再多一點人手來打理家務。」

你困惑地皺起眉頭，但我沒有理會，繼續說道：「我相信，沒有比『直接把一杯提神的熱飲送到你床邊』更好的方式，來開始新的一天。」

你顯然流露出不耐煩，所以我切入正題：「這就是為什麼我現在就為你泡一杯美妙的熱茶。」

這個荒謬的例子說明了一個常見的陷阱：告訴讀者他們已經知道或者不需要知道的內容。你不需要我來告訴你，你很忙，或茶很好喝，或你喜歡喝茶。而你也不在乎我對茶的看法，以及我認為該在什麼時候喝茶。你只需要知道我會幫你泡茶，而且越快越好，其餘的話都是在浪費你的時間。

回到前言提到的概念，面對你希望讀者跨越的橋，不同的讀者處在橋的不同位置。有些人已經一隻腳踏上了橋，有些人甚至

不知道橋在哪裡。因此,你需要提供的資訊取決於讀者目前掌握了多少內容,以及他們在做出購買決策前,還需要了解哪些資訊。

在《突破廣告》(*Breakthrough Advertising*)一書中,尤金‧施瓦茨(Eugene Schwartz)描述了讀者在購買產品時所經歷的五個認知階段。[1] 如下表所示,你的文案需要完成的任務,基本上取決於讀者所處的階段。

讀者的認知階段	文案需完成的任務				
	解釋問題	將問題與讀者的情況連結起來	將產品定位為解決方案	說服讀者選擇產品	CTA
完全未察覺 讀者不了解產品或其功能,或者不知道自己有問題,而這個問題可以透過產品解決。	●	●	●	●	●
察覺到問題 讀者知道自己有問題,但不知道有解決方案。		●	●	●	●
察覺到解決方案 讀者知道問題是可以解決的,但不知道你的產品可以做到這一點。			●	●	●

察覺到產品 讀者了解產品,但還在猶豫是否要購買。	● ●
最具察覺力 讀者對產品非常了解,只想知道「交易」的細節。	●

　　當情況發生變化或產品是全新推出時,讀者可能處於「完全未察覺」的階段。例如,假設稅務當局剛剛修改了營業費用的規定,許多人會受到影響。如果你為一家會計師事務所撰寫廣告,目的是幫助人們遵守新法規,讀者首先需要了解新法規的存在。否則,他們不僅無法理解這項服務的價值,甚至不明白為什麼需要這項服務。因此,你應該以「喚起問題意識」作為切入點,而不是直接從產品利益開始。舉例來說:

EH36將改變你管理帳戶的方式,你準備好了嗎?

　　自2018年4月1日起,記錄營業費用的規則將有所改變……

　　大多數文案針對的是中間三種類型的讀者:「察覺到問題」、「察覺到解決方案」和「察覺到產品」。針對「察覺到問題」和

「察覺到解決方案」的讀者，文案通常會採用問題／解決方案的架構：先談及讀者的處境，並與他們產生共鳴（正如第3章所探討的），然後再向他們解釋事情可以如何變得更好。

在為「察覺到問題」的讀者撰寫文案時，一個常見的錯誤是花太多時間描述一般的解決方案，而沒有花足夠的時間專門討論產品。當讀者了解到他們的問題可以解決時，就開始向他們介紹為什麼你的產品是他們應該選擇的**特定**辦法。如果你僅僅引起他們的興趣，卻沒有完成交易，那就等同於替競爭對手鋪路。

當讀者進入「察覺到產品」的階段，你的目標就轉為說服他們購買。你可以讓他們預先體驗產品（我們將在第10章探討），並使用說服技巧（見第12章）。

如果讀者已經達到「最具察覺力」的階段，你的文案根本不需要做太多事情。此時，你只需要呼籲他們採取行動（見下一章），並讓他們知道購買過程既快速又簡單。你可能還必須說明基本保障，例如保固和退貨的政策，或透過使用者見證來確認產品或品牌的價值。如果此時需要揭示產品的價格，你應以適當的方式呈現，我們將在第13章（「價格不是數學，而是心理學」）中，深入探討如何處理價格的問題。

對象不同，情境不同，訴求也不同

你聽過「盲人摸象」的故事嗎？故事中，每個人碰觸到大象

的不同部位,因此對大象都有不同的想法。握到象牙的人說它是一根矛;摸到身體的人說它是一道牆;而碰到腿的人說它是一棵樹,諸如此類。

有些產品的使用方式非常單一。就好比我使用水瓶的方式可能與你大致相同,大家使用這種產品的經驗基本上都是一樣的。因此,撰寫這類經歷的文案相對容易。

然而,並非所有產品都如此簡單。有些服務連結了不同類的使用者,例如eBay(買家和賣家)或Uber(司機和乘客)。每位參與者都使用相同的基本技術平台,但他們使用的方式卻截然不同。

或者,人們可能對某種產品有相同的體驗,但出於不同的原因,或為了獲得不一樣的利益而購買。想一想只有基本功能的手機,或所謂的「傻瓜手機」。對於不擅長科技的使用者來說,它的主要利益就是簡單。但對於家長來說,他們需要的是一部可以放心給孩子使用的手機,即使手機遺失了也能輕鬆更換,此時的利益是耐用和價格實惠。

如果你要為不同的使用者撰寫文案,而他們對產品的使用體驗和獲得的利益各不相同時,就需要根據每個群體的需求量身打造文案。比方說,針對不同人群建立不同的網站頁面(例如:「司機專區」、「乘客專區」),甚至針對不同群體的完整宣傳活動(像是:「加入我們,成為司機」、「下載我們的應用程式」)。

像這樣多面向的產品並不局限於科技領域,正如第2章提到

的，購買產品的人並不一定是使用產品的人，而這兩者可能有完全不同的優先考量。比方說，以下是Robinsons公司介紹旗下Fruit Shoot系列兒童飲料的方式：

> 我們的無添加糖飲料系列由真正的果汁和水製成，是幫助孩子在每天跑跳、玩耍和探索時，保持體力充沛的絕佳選擇。

由於我們聽到的是讓「孩子」體力充沛（而非「你」），因此我們知道這裡文案是針對父母的。但當我們看到另一個產品描述時，目標讀者就改變了：

> 用無添加糖的柳橙，讓你的味蕾沐浴在陽光中。這是一直以來最受歡迎的口味。

現在，「你」是真正的飲用者，也就是孩子，此時重點在於味道。

或者你可以幽默地看待人們不同的產品使用方式。雀巢旗下的 After Eight® 以薄荷夾心巧克力聞名。它曾經播放的一則電視廣告，呈現了在晚餐宴會上，不同人對這款巧克力有不一樣的吃法。有的人像「沙鼠」一樣，小口啃食；有的人如「狼」大口吞食；有的人則像「鷹」般，發現盒子裡最後一片薄荷巧克力。而

更近期的廣告是金百利克拉克企業（Kimberly-Clark）旗下的 Andrex®，他們問使用者，是把衛生紙揉成一團，還是折疊起來？這樣的提問如果操作得好，就能讓人們從自己的性格與價值觀出發，重新看待產品。然而，這兩個例子也說明，某些產品的使用體驗比其他產品更容易引發對話。

另一種情況是，每個人使用產品的方式一樣，但讀者處於不同的認知階段（如我們在上一節所見）。在這種情況下，你可能要為不同的讀者撰寫專門的部分或頁面，並確保讀者可以找到他們需要的資訊。例如，銷售攝影機的網站可以針對首次購買者撰寫指南，以及為經驗豐富的使用者提供功能比較表。

樹狀圖，可以為你的文案提供強大的架構

樹狀圖是一種簡單、可靠的工具，可以為你的文案提供強大的架構，尤其適合需要涵蓋大量資訊的情況。你從中心點開始，然後按照重要性由高到低，依次展開。而各點之間會形成「樹狀」結構，每個「主幹」都有自己的「分支」。下頁的圖就是範例。

這是報紙文章使用的架構，目的是盡可能有效傳達訊息，將主要訊息直接放在標題中，而不是埋藏於文章中間。這意味著即使讀者沒有讀到最後，或者只看了標題，也能抓住核心主旨。

像這樣勾勒出你的樹狀圖，就整理出了文案的架構，並決定

```
                便宜、
                健康的
                交通工具
         ↙        ↓        ↘
    改善健康            比汽車便宜
    和福祉    便捷的
            移動方式
     ↓        ↓              ↓
              不用擔心   前期投入
    增肌減脂  找不到     成本較低
              停車位    （新車價格的
                        5％）          ↓
         ↓                           維護成本
    強化心血管                        更低；
    系統；                            可自行修理
    增加耐力   即使在巔峰
              時段，也能隨
              時去任何地方
```

自行車的利益樹狀圖

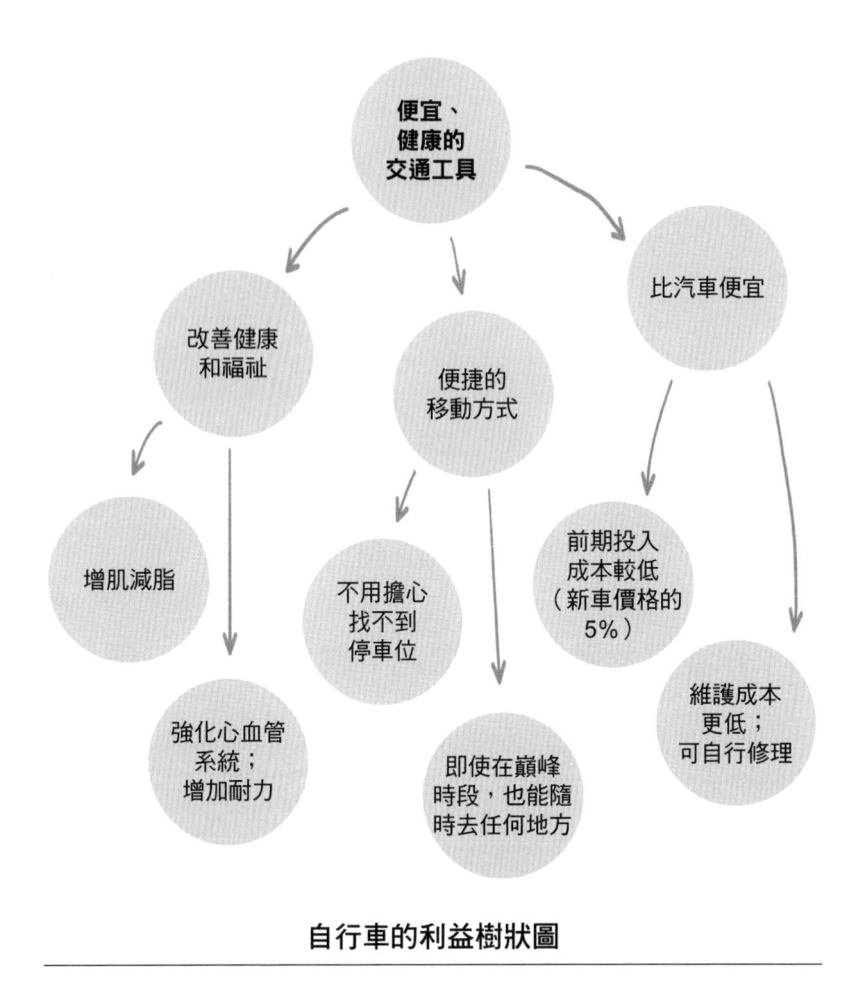

好內容順序。舉例來說，如果你在撰寫網頁文案，可以先下主題的標題，接著寫簡短的介紹性文字，來呈現下一個層級的內容。最後，以多個有資訊性標題的小節，來補充最細節的部分。為了

避免文案因小失大,你可以在結尾強調主要利益,並結合CTA（見第7章）。

有時,某些事情必須先於其他事情處理。比方說,如果你想談論自行車比汽車便宜,先介紹自行車作為替代交通工具會顯得合理。讀者必須先接受交通方面的利益,才能進一步考慮成本的問題。

在設計自行車利益的樹狀圖時,需要考慮文案的發布位置和目標讀者（見第3章）。如果文案是刊登在健康雜誌上,你可能會先解釋健康方面的好處,因為這些是讀者最有可能感興趣的內容。

如果你有很多重要的事要說,就「列清單」吧

你可能已經看過許多吸引點擊的清單式文章,標題裡會加入數字,如「七位再也無法在好萊塢工作的名人,其中第三位會讓你大吃一驚！」雖然這類編號清單已經成為了帶有負面色彩的陳腔濫調。但如果你有很多重要的事情要說,列清單仍然是組織文案的好方法。

假設你在撰寫一款多功能食物調理機的文案,所有功能都同樣有用,核心賣點是能執行**多種**實用功能。你需要傳達這一優勢,而不讓文案變成一份簡單的功能列表,不斷用「和」或「也」連接所有功能。

你可以用這樣的標題吸引讀者：

> 5 招速成美味！MultiChop 讓你短短幾分鐘，美食輕鬆上桌

接著，在正文中依序介紹五個最重要的功能，以及它們如何取代切碎、磨碎等手動工作，每項功能都可以配以一個編號的副標題。如果這是展示廣告，還可以將這些功能圍繞在 MultiChop 的產品插圖周圍，並用線條指向機器的相應部位。

編號清單的優點之一是直接透明。標題準確地告訴讀者會得到什麼，而清單形式則幫助他們逐一瀏覽重點，始終了解自己讀到哪一部分，或直接讀自己感興趣的內容。

我們的大腦更像計算機而不是電腦：我們的「工作記憶體」在同一時間只能容納一定數量的東西。認知心理學家喬治・米勒（George A. Miller）提出「神奇數字 7，再加或減 2」的理論。[2] 因此，五件事應該比較容易記住，七件事還勉強可以，但要記住九件事就有點難了。如果超過這個數量，讀者就有可能忘記某些內容或搞混某些東西。

用「循序漸進」技巧，把話簡單說

解決大型任務的最佳方法，是將其分解成更小的任務。當你

需要解釋一個龐大或複雜的主題時，也可以採用同樣的方法。

透過「循序漸進」的架構，你可以按順序或流程，逐一進行和說明每個步驟，就像撰寫食譜說明一樣。

如果你需要讀者在承諾購買之前，了解稍微複雜的事情，那麼「循序漸進」是理想的選擇。假設你主打的是房產過戶服務，對於首購族來說，購屋過程是陌生的，而且相當令人困惑。他們需要的是循序漸進的購屋指南，了解在不動產買賣流程中，過戶是哪一個環節。

提供這類指南的品牌可以建立專業權威，同時也表現出對讀者的理解，進而贏得他們的信任。更重要的是，讀者能夠提前想像買房流程，因此當他們實際經歷這個過程時，就不那麼害怕了（見第10章的「打開五感，寫出讓讀者身歷其境的文案」）。

運用「循序漸進」架構的另一個場景，是解釋客戶在較長時間內如何購買和使用產品，或未來產品如何發揮利益。而在告訴B2B潛在客戶，某項服務有多適合他們的管理業務方式上，「循序漸進」特別有用。

循序漸進地使用 *ShopData*

首先，我們想與你聊聊，了解你現在使用研究數據的方式，並提出一些你可能沒有想到的新方法。然後，根據你告訴我們的資訊，我們利用500多個客戶樣本，收集有關你產

品的數據，以及消費者對這些產品的真實看法。最後，我們會提供專屬報告，或／和在季度計畫會議面對面匯報，為你分析數據結果。

B2B買家關心的是外包服務的成本和效益，但他們也擔心採購和實施外包服務的機會成本。換句話說，如果要外包，他們恐怕需要投入大量時間和精力，來選擇外包團隊，並熟悉和適應它。這可能會讓他們想要維持現狀。而「循序漸進」的架構可以預先描繪整個過程，讓買家知道每個步驟都很容易，而且過程也不會過於漫長或困難。

顯然，這種架構適合用於製作時間線或流程圖等圖形。如果你要製作線上分享的資訊圖表，採用「循序漸進」的描述是一個絕佳選擇，效果甚至可與圓餅圖媲美。

然而，「循序漸進」不僅適用於解釋複雜的概念。你也可以運用這種方法，為原本靜態的描述增添動感和趣味性：

> 首先，拿起一塊鬆脆的餅乾。接著，淋上一層香甜黏稠的焦糖。最後，用美味的巧克力將它完整包裹起來。

這比「餅乾和焦糖裹上巧克力」要有趣得多了。這三種成分不再是混合在一起的材料，而變成了一個小故事中的不同章節。

運用神奇的「3」,提升你的文案魔力

讓我們停留在甜點店片刻。如果你是某個年齡層的英國讀者,或許還記得瑪氏(Mars®)巧克力棒那句著名的廣告詞:

一天一根瑪氏巧克力棒,讓你工作、玩樂一整天。

但那其實並非廣告的原句,即使你可能太年輕沒印象。真正的版本是:

一天一根瑪氏巧克力棒,讓你工作、休息、玩樂一整天。

這個包含三個元素的版本更加完美——儘管「休息」並無太多額外的意義,而且兩個元素的版本確實更短、更簡潔。但這是因為由三個元素組成的寫作架構,幾乎總能比由兩個、四個或更多元素組成的架構,更令人滿意。

以下是格拉斯哥婦女圖書館的例子:

保護你祖母的歷史;
聆聽你母親的回憶;
為你女兒提供靈感。

同時提及三代人，遠比僅提到其中兩代的人更能引起共鳴。

相同的規則也適用於段落中的句子數量。本段遵循此規則，讓你了解我的意思。三個句子恰到好處，可以讓論點發展下去，又不會讓讀者感到無聊或失去興趣。

通常，三個句子能形成一個論證，可以從前提推導得到結論。首先，提出前提；接著，加入限制性條件或進一步說明；最後，得出結論：

> 你知道自己需要處理退休金的問題。但要理解所有相關法規，無論如何都會是一項艱鉅的挑戰。你真正需要的，是專業的指引。

或者，你可以提出讀者有感的觀察，再連結到產品或服務提供的好處，最後用證據來支持：

> 沒有人喜歡工資被拖欠。我們的發票應收帳款承購服務為你省去這些麻煩，讓你可以專注於實際工作。到目前為止，我們已經收回了85%的債務，這是非常亮眼的成果。

數字三規則的唯一問題在於，若你墨守成規，可能帶來束縛。這是一個很萬用的好方法，因為它提供了一個緊湊、易讀的架構。然而，如果**過於**僵化，可能會限制創意。例如，如果你想

在段落中添加第四點,就像我現在這樣,那該怎麼辦?或者還有第五點呢?

此外,三段式架構可能會變得無聊乏味。此時,可以加入一些短句,增添變化。

畢竟,規則是愚者的依歸,智者的指引。只要有用,就應該遵守;一旦不再適用,則應捨棄。如果你的文案自然分為三部曲架構,那當然很好。但要是你發現自己需要勉強適應規則,反而束手束腳,那麼就不該拘泥於規則了。

好的圖文設計,是抓住眼球的最佳利器

當你有很多資訊需要傳達時,請記住,最好不要用密密麻麻的文字來呈現。以下是你可以使用的其他技巧:[3]

使用這個……	來傳達……
副標題	你希望讀者記住的重點。 長篇文案中的不同主題。 從一個想法過渡到另一個想法。
正文中的粗體字	重要的觀點或想法。 作為「小標題」,讓快速瀏覽的讀者可以挑選出不同的主題。
開頭引文或內容提要(在正文開頭以粗體顯示一段文字)	總結文案的關鍵內容,或引發讀者的好奇心,提供預覽與試讀。

使用這個……	來傳達……
PS（附言），為署名後附加的文字，用於信件結尾	重申主要利益、特別優惠，或 CTA。
條列式重點	列出類似的項目，適用於順序和數量不那麼重要的情況，像是列舉產品利益或特色。
編號清單	列出類似的項目，且希望讀者注意到「數量豐富」這個特點。 排名（例如「前五名」）。
表格（如目前這個表格）	包含兩組或多組相關項目的清單。
帶有說明文字和指引線的圖表	說明系統或架構的相關部分。
流程圖	展示順序、過程或相互關聯的決策。
時間軸	用於描述事件、故事或歷史。
長條圖	進行數值比較。
折線圖	展示數值隨時間變化的趨勢。
圓餅圖	適合顯示比例關係，尤其是最適合幾個重要部分的比較。
樹狀圖	用於表現層級結構，或事物或人之間的長期關係。
文氏圖（Venn Diagram）	展示項目群組之間的重疊部分。
表情符號	簡單的物品、情感、想法或故事。
對話框 SMS 對話	兩人之間的對話。

讀者通常會快速瀏覽正文,只專注於視覺上突出的內容。你可以利用這一點,把重要訊息融入顯目的元素中。比方說,產品圖片的說明文字可以提及利益,而非單純的描述外觀。

> **實戰練習　調整一篇文案的架構**
>
> 下次當你閱讀較長的文案,如雜誌廣告或銷售信函,想想是否有不同的架構,來呈現內容。是否能夠以更清晰的方式,來表達產品的概念或訊息?

Chapter 7

化被動為主動，打造高效轉換的 CTA

CTA 的重點就在於「行動」。
對讀者來說，這是從被動到主動的關鍵轉折。

CTA，讓讀者行動的臨門一腳

「CTA」是簡短的語句，告訴讀者要採取某種行動。

在第3章中，你確定了自己的目標——希望讀者知道、感受或採取某種行動，而CTA的重點就在於「行動」。對讀者來說，這是從被動到主動的關鍵轉折：從閱讀、聆聽或學習，進一步到在現實世界中採取行動。你已經闡述了充分的理由，現在是他們行動的時候了。如前所述，這個行動可能是購買產品，但也可能只是與公司聯絡，或像捐款之類的不同事情。

CTA通常出現在文案的結尾，無論是廣告、銷售信函和文章的最後一段，或在廣播廣告結束時以口頭方式呈現。在印刷媒體

中，CTA通常以某種方式在視覺上突出呈現。這會告訴讀者，CTA與文案的其餘部分不同，並且他們需要對此採取行動。

而在網路上，CTA的呈現形式略有不同。線上的許多CTA都是以超連結的形式出現，讀者只須點擊連結即可回應。連結的文字應該說明讀者點擊後會發生什麼，例如，「閱讀我們關於敏捷開發的白皮書」，而非模糊的「點選此處」。如果網頁包含許多不同的元素，讀者可能不會按順序閱讀所有內容，因此CTA通常會放置在側邊欄或頁首區域，確保人們不會忽略它們。

強而有力的CTA很有效，但它們並非「萬能解決方案」。畢竟，要是文案的其他部分未能建立充分的說服力，CTA無法神奇地讓讀者立即行動。你的CTA應該是一種溫和的助力，鼓勵已經準備好採取行動的讀者，補上臨門一腳。

基本技巧：果斷下指令

最簡單的CTA告訴讀者該做什麼，正如我們在第5章所提到的標題要點，這類命令形式強而有力，又直截了當。常見的一般CTA如：「立刻索取免費樣品！」也可以是輕鬆的口氣，像是：「隨時歡迎參觀，我們會提供快速的介紹。」或者更具緊迫感地說：「本次限時優惠將於週日結束，立即行動！」或者像Netflix的線上廣告一樣熱情洋溢：「立即觀賞」。

基本的CTA通常很簡短，特別適合版面有限且讀者注意力

容易分散的情境,例如線上廣告。

CTA 設計的兩大心法:利益與說服心理

為了讓CTA更具吸引力,你可以加入一個利益。這會將CTA轉化為提出一項交易——「這樣做,你就會得到那個」:

> 要開始賺取這種優惠無比的利率,請立即開立您的帳戶。

在CTA中,最好使用已經在文案中提及的利益,而不是引入全新的內容。這時,你的目標是完成銷售,而非重新闡述行動的理由。

你也可以透過增加說服力,來強化CTA,第12章會詳細探討這一點。例如,可以運用稀缺性,告訴讀者要迅速採取行動,否則就會錯失良機:

> 記住,你只有30天的時間,能用這筆一次性的折扣來續訂。今天就打電話給我們,確保你能享受折扣。

或者,使用社會證明原則,強調其他人從產品獲得的利益:

立即從亞馬遜或其他主要線上商店訂購你的產品，加入數千名 Vaxxo 滿意客戶的行列！

簡潔，很重要

無論你希望讀者採取什麼行動，都要盡可能保持簡潔，減少步驟。理想情況下，只須一個步驟即可。如果讀者必須執行多個操作，請將各個步驟整合在一起，以便讀者能清楚理解需要完成的事項以及正確的順序：

若要更新駕照，請填寫此表格，並攜帶舊駕照、護照照片和 25 英鎊，至任何一家郵局辦理。

你的專案可能包含多個 CTA，例如，郵件廣告中的不同部分，或網站上的不同頁面。這時，可以考慮變換句子長度和措辭，避免反覆使用完全相同的字句。只要確保讀者對應採取的下一步行動不感到困惑即可。

若讀者有多種選擇，請在每次 CTA 中明確列出所有選項。或者，若空間有限，使用能涵蓋所有選項的通用表述，例如：「今天就與我們聯繫」。若僅提及其中一個選項，可能會讓讀者懷疑其他選項是否有效。

要讓讀者覺得,「這真是快速又簡單!」

讀者需要明白,無論你希望他們做什麼,都是既快速又簡單的。他們不想投入太多精力,也不想費心思考或做出太多決定。如果這是他們第一次執行某項操作,他們希望在開始前就知道自己要做什麼。

即使讀者完全同意你的觀點,你仍然在要求他們做出改變。而無論改變多小,大多數人都會抗拒轉變,而非欣然接受,即使這項改變對他們有益。如果你想讓讀者跨越我們在前言提到的「橋」,你需要清除他們路上的所有阻礙。

以下是一些例子:

你希望讀者做什麼	你希望他們怎麼想	你可以這樣寫
填寫,並回傳紙本表格。	不會花很長的時間。 不需任何費用。	要獲取樣品,請花 5 分鐘填寫下方表格,並寄回給我們。無須貼郵票。
填寫線上表單。	不會花很長的時間。 不會很困難。	若需回電,請填寫這份簡單的一頁表單。右側的標籤會說明需要在每個欄位填入的內容。
撥打電話。	不會尷尬。 不會接到推銷電話。	索取免費報價,無須做出任何承諾,請致電 01234-123456,聯絡我們友善的銷售團隊。除非你主動向我們諮詢,否則絕不會接到我們的電話。

你希望讀者做什麼	你希望他們怎麼想	你可以這樣寫
前往分行。	不會很遠。 不會花太多的時間。	請造訪我們全國 47 家分店之一,進行 10 分鐘的設計諮詢。
到超市尋找產品。	架上會有存貨,並且容易找到。 不會拖延我每週的購物速度。	你可以在各大超市的乳製品區找到 *Cheese-O*。
討論需求,要求提案(B2B)。	不會占用太多管理時間和精力。	我們隨時歡迎與你討論需求,並為你的業務提供適合的建議。

更多解決讀者反對意見的方法,將在第 12 章中詳加探討。

慢慢引導讀者,通過你的銷售漏斗

有時,你的目標並非要求讀者立即購買,而是引導他們進入下一階段,或鼓勵持續閱讀,如以下這則直郵廣告信封的文案。

立即打開,為你的汽車保險節省高達60%的費用!

顯然,事情還沒講完。讀者知道他們需要做的,不只是打開信封就能省錢。這只是一種方式,連結他們**現在**需要採取的行動與最終將獲得的利益。

特別是在B2B行業中，有時你需要先提供讀者資訊，或建立你的可信度。你可以運用不同類型的內容，再搭配CTA把這些內容串聯起來，引導讀者透過這些步驟，達成銷售。（這個順序有時稱為「銷售漏斗」或「顧客旅程」，而各階段的步驟則叫做「接觸點」〔touchpoint〕。）以下的圖顯示如何透過CTA，將第6章（「AIDA：文案寫作公式的始祖」）資料保護案例中的各個階段連結起來。

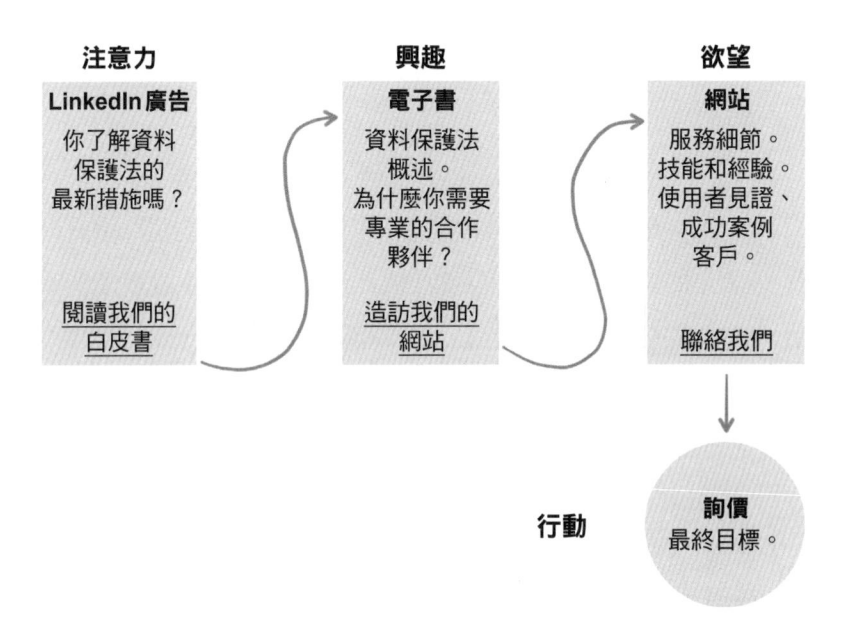

注意力
LinkedIn廣告
你了解資料保護法的最新措施嗎？

閱讀我們的白皮書

興趣
電子書
資料保護法概述。
為什麼你需要專業的合作夥伴？

造訪我們的網站

欲望
網站
服務細節。
技能和經驗。
使用者見證、成功案例客戶。

聯絡我們

行動
詢價
最終目標。

透過CTA作為引導，可以指引B2B潛在客戶從最初的興趣，逐步深入了解資訊，最終達到詢價的階段

和其他類型的CTA一樣,關鍵在於明確告訴讀者每個步驟中需要採取的行動,以及這些行動會帶來的回報。每個CTA都應該承諾一定的價值,而它所導向的階段則需兌現該承諾。此外,最好每次CTA僅指向下一步,而非跳到讀者未來可能採取的行動。

另一種運用引導步驟的方法,是指引讀者依特定順序瀏覽網站的頁面或內容。例如,可以在網頁的底部寫道:

> 閱讀更多<u>我們的解決方案</u>,或是<u>聯絡我們</u>討論你的專案。

雖然許多訪客可能會無視這些指引,按照自己的喜好隨意瀏覽,但這並無大礙。這樣的設計依然灌輸了「應該繼續瀏覽網站」的想法,而且比起內容結束時缺乏明確的CTA,這樣的結尾更為積極。

實戰練習　呼籲自己採取行動

當你放下這本書後,下一步你會做什麼?這能帶來什麼好處?想出一個CTA,激勵自己付諸行動吧!

PART III
升級文案

讓你的文案成效翻倍跳

Chapter 8

原來，創意鬼才是這樣發想的

我列出 20 個起點，幫助你找到適合自己的方法，
以聰明、有趣或出乎意料的方式，傳遞訊息。

究竟，什麼是「創意」文案？

告訴讀者產品的利益是文案的核心任務。這應該始終是你最先嘗試的事情，有時甚至是唯一需要完成的事情。然而，有時你需要更強大的元素：你需要創意。

當你看到有創意的事物時，你會立刻辨識出來。但是，你會如何定義它呢？到底什麼是創意文案？

在我看來，創意文案可以從三個面向來理解。

第一個是**原創性**。創意文案與眾不同，跳脫人們的既有期待。它讓讀者注意並記住，而那些平淡無奇、隨波逐流的內容只會被忽略或遺忘。在相同的條件下，人們會記住那些與眾不同的

事物,而非司空見慣的內容。

原創的文案能實現頂尖文案寫手史蒂文・哈里斯（Steven Harris）所說的「切身打斷」（relevant abruption，按：指這份創意除了打斷讀者的注意力，還夠切身，能吸引他們注意到自身問題，或你提供的解方）。[1] 它用引人注目的資訊直接吸引讀者，即使他們原本並未尋求這些資訊，卻會因為文案而意識到自己可能會感興趣。

第二個面向是**幽默感**：文案以聰明、有趣或出乎意料的方式傳達訊息。這種精心設計的文案能引發讀者思考，促使他們發現文案中微妙、有趣或高明的東西，讓他們「積極投入」進一步了解。

幽默通常意味著訊息不那麼直白，但更加有趣。它將看似簡單甚至重複的內容，重新包裝得新穎有趣。正如小說家喬伊・威廉斯（Joy Williams）所說，幽默是「不表達可表達的東西」，即用隱晦的方式呈現內容。

幽默的文案向讀者提出一個「交易」，邀請他們參與互動。讀者必須投入精力，稍微動腦，而非被動地接受資訊。作為回報，他們能得到雙重滿足：理解文案的意涵和破解其中巧思的成就感。就像一本名著的書名所述，他們從中收穫了「會心的微笑」。[2]

原創性吸引注意力，但幽默贏得尊重。因為你邀請讀者與你共同創造意義時，他們會感到你們處於平等地位。你沒有用高人一等的態度說話，他們就會對你的構想感興趣。此時，你們成為

了平等的夥伴，擁有共同的理解。

幽默並不一定意味著搞笑。幽默的想法或許會讓讀者發笑，但也可能只是讓他們微笑、點頭認同或停下來思考。而有些內容可能很好笑，但並不一定幽默，例如鬧劇或搞笑貓的影片。你仍然可以使用這些素材，但未必能同樣吸引讀者或贏得他們的尊重。

最後，創意文案是**情感豐富的**，能觸動讀者的情感，喚起的情感可能是輕鬆愉悅的，例如樂趣、興奮、渴望、安全或自信；也可能是深刻動人的，像是愛、神祕或同情；甚至可以是負面的，例如恐懼或焦慮。

你的文案所喚起的情感可能是讀者已經感受到的，就像第3章所示。舉例來說，許多嬰兒產品的廣告強烈訴求父母對孩子的愛；或者你可以力求讓讀者有新的感受，例如慈善廣告，介紹美好的理念，引起大家的關注。

讀者的情緒越是強烈，就越有可能接受並記住你的訊息。他們也可能將自己的感受與產品聯繫起來，這就是為什麼必須謹慎避免引發負面情緒的原因。

原創性、幽默感和情感都是程度的問題，你可以斟酌調整其表現強度。你可以採取保守立場，也可以稍微創新，或徹底顛覆傳統。你可以直接表達，加入微妙的雙關語，或是把整個廣告設計成一個謎題；可以表現得冷靜理性，也可以注入一點人文關懷，甚至催人淚下。這些元素可以靈活組合，實現多樣效果。

創意的重點不是炫技,而是「解決問題」

在最佳的情況下,行銷可以傳遞有力的事實,豐富文化內涵,**幾乎**可與藝術媲美。最優秀的文案如同一面鏡子,映照出我們的生活與情感,**幾乎**有如文學般動人。但行銷與藝術永遠不會是**完全**相同的:藝術是自足的,而行銷總是別有用心,無論它承認與否。行銷與莫內不同,行銷不僅僅想要畫出美麗的橋,還必須引誘你走過那座橋。

因此,儘管創意文案可能非常原創、幽默或充滿情感,但它們的目的並非為了展現這些特質本身,而是為了以創新的方式解決問題。如果說它有任何藝術價值,那是因為它在應付這項挑戰時,表現得特別出色。

請記住,撰寫文案是為了達成任務。談到創意時,這些任務可以分為三個部分:**將產品利益戲劇化、對應brief,並銷售產品。**

將產品利益戲劇化,意味著要生動鮮明地呈現產品的好處,讓它們盡可能地吸引目光、豐富有趣。本章的範例會告訴你這樣的表達方式具體意味著什麼。

對應brief,則是指按照你在第4章制定的計畫行事。這樣,你才能鎖定正確的目標受眾,突出並強調正確的產品利益,同時在專案的限制內展開創作。

最後,銷售產品顧名思義,再好的創意也必須與產品本身相

要原創
讓讀者注意並記住

要幽默
啟發思考

要情感豐富
喚起情感共鳴

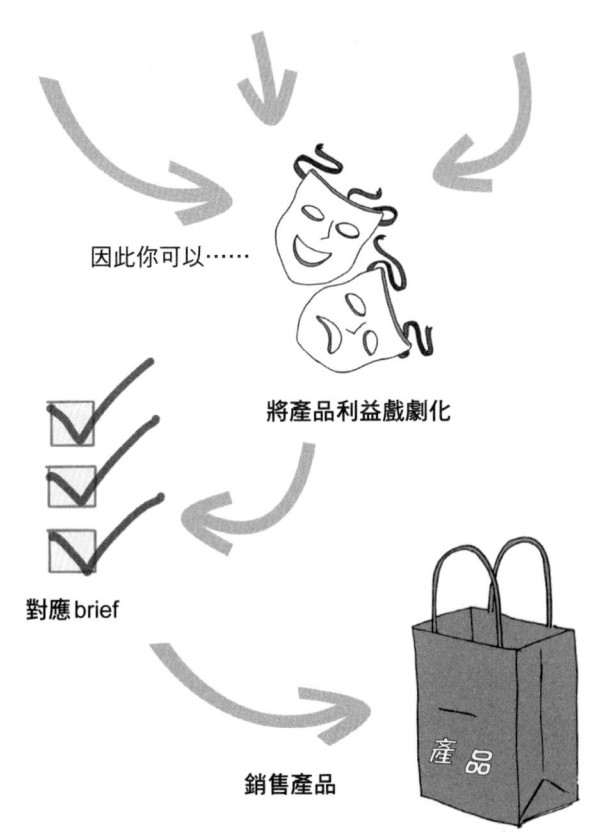

因此你可以……

將產品利益戲劇化

對應 brief

銷售產品

你的創意文案需要達成哪些目標

Chapter 8　原來，創意鬼才是這樣發想的

關。如果你的創意太過頭了,那麼就算你的文案非常原創、有趣,甚至充滿感染力,但它最終恐怕是在推銷創意本身,而不是產品。

電視影集《廣告狂人》(*Mad Men*)以曼哈頓為背景,描述1960年代廣告界的形形色色。劇中的一位角色原型包柏・李文森(Bob Levenson)曾提出一種檢驗廣告的方法。他說:「如果你看了一則廣告,欣賞其中精湛之處,請試著把產品從廣告中抽離。萬一你仍然喜歡這則廣告,那就糟糕了。廣告的目的不是讓廣告有趣,而是讓產品變得有趣。」

總結本章到目前為止的內容:創意的核心,在於讓你的文案具有原創性、幽默感或充滿情感,這樣你就可以將產品利益戲劇化、對應brief,並銷售產品。

讓文案更有創意的 20 種策略

創意思考是一個模糊且直覺的過程,每個人都需要透過實踐自行摸索,很難提供一套每次都有效的指導原則。在這裡,我列出20個起點,幫助你找到適合自己的方法。[3]

這些例子多數是印刷廣告的標題,那是因為它們語句簡潔,富有吸引力。至於如何運用這些概念,取決於你。如果是廣告等篇幅短小的專案,它們能成為整篇文案的核心構思;若是較長的文案,則可以將它們運用在文案的個別段落中。當然,你可以根

據需要進行調整或組合。

先寫下來,越簡潔越好

第一步,只須將brief改寫為針對讀者的價值主張。此時不必試著讓它顯得有原創性、幽默或情感豐富,也不用擔心寫作風格。盡可能簡單明瞭地把它寫下來即可。

例如:

> Malus Maximus是一款英國製造的不甜蘋果酒,口感極佳,糖分含量極低,僅採用有機原料製成。
>
> 它可以說是蘋果酒界的精釀啤酒——風味濃郁,口感獨特,喝的是態度。
>
> 你應該試試看這款產品,你可以在超市或網路平台上購買,然後在家中享用。

開頭簡潔有兩大優勢。首先,你把想法記錄下來,勝過白紙一張。在此之前,你什麼都沒有,而現在你已經進入修改和完善的過程。如果你像我一樣,覺得修改比從無到有寫作更容易,那這就是一大進步。

第二步,從最基本的內容開始,再加入任何你需要的資訊,而不是一開始就寫得過於複雜,然後再費力將它拆解開來。換句

話說,請先確立核心內容,之後再視情況進一步探索或發展。

要想得到好點子,你需要「對許多事情略知一二」

賈伯斯說過:「創意只不過是融會貫通後,所得到的想法而已。」他的意思是,「新」想法從來都不是全新的。它們只是以新的方式「組合」已有的事物。

楊傑美(James Webb Young)在著作《創意,從無到有》(*A Technique for Producing Ideas*)中提出,強而有力的廣告創意往往源於結合兩種知識:一是關於產品和使用者的特定知識,二是來自其他領域的一般知識。要想得到好點子,你需要收集大量資訊,「細細咀嚼」,讓潛意識建立新的連結。[4]

在第1章中,我們學到了盡可能了解產品的重要性。但要形成新的創意組合,你需要「對許多事情略知一二」,而不僅僅是熟悉產品本身。因此,閱讀、觀看和聆聽各種內容是個好主意,包括那些你自己未必感興趣的事物。(如今我們擁有維基百科、YouTube、Brain Pickings[5]、Farnam Street[6] 和 99% Invisible[7] 等數位資源,讓探索廣泛的知識變得更加容易。)

用不同角度看產品,會有意想不到的驚喜

從不同的角度來看待產品,能夠引發全新的想法,並找到更有效的表達方式。比方說:

- **找出不同用法**。這個產品還有其他的用途嗎？孩子會用它來做什麼？它的外觀像什麼？會被誤認成什麼？
- **改變它的形態**。如果產品被壓扁、拉長、變短、變高、變胖、變瘦、變迷你、變龐大，會是什麼樣子？如果它小到可以放進口袋，或者大到占滿整個房間呢？如果它是用黏土、起司、紙張或黃金製成的呢？
- **改變場景**。如果這個產品被放到海底、月球、叢林、卡通世界、電子遊戲中，或者穿越到過去與未來，它會變成什麼樣子？在《哈利波特》、《神力女超人》、《飢餓遊戲》、《魔戒》或《絕命毒師》的世界裡，它會如何呈現？

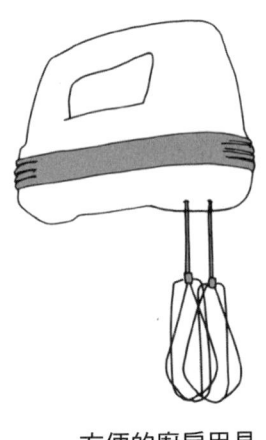

方便的廚房用具 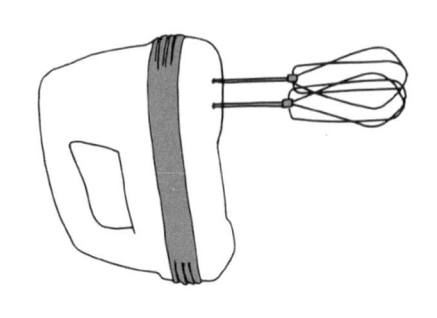　　　廚師的祕密武器

用不同的方式看待事物，能為創意探索帶來全新方向

這樣的方式可能看似太膚淺、太搞笑了。但正如發展心理學家尚‧皮亞傑（Jean Piaget）所說，「遊戲是產生新事物的答案。」換句話說，玩耍就是創造。

當我們玩耍的時候，沒有要達成的目標，也沒有要交付的產品，因此失敗也無妨。事實上，如果沒有目標，就不存在失敗的**可能**。在這樣的心態下，我們就更能即興發揮、探索未知，並以新的方式看待事物。

你的想法可能無法原封不動地採用，甚至完全不可行。但它們仍然有機會啟發新的探索方向——如果你始終沿著原本更可預測的路徑上，你或許永遠不會發現這些新路徑。[8]

好文案，懂隱喻

隱喻是將某件事想像成另一件事，幫助你更深入地理解或闡釋它。（與此密切相關的是明喻，即把一件事說成**像**另一件事；以及類比，即拿兩個不同的事物做對照，以突顯它們的相似性。）

隱喻就像我們在前一節看到的「將不同事物結合起來」，只是這裡是用「文字組合」來創造新意。正如詩人羅伯特‧佛洛斯特（Robert Frost）所說：「一個好點子來自於高明的聯想，而這種聯想的最高境界，就是出色的隱喻。」

隱喻並非精確的比較。隱喻會突出某些特性，同時掩蓋其他

特質。例如,形容好朋友如「磐石」,並不是指他們冷漠、死板或固執,而是說他們穩重可靠。

同樣的,隱喻可以將產品與讀者知道的事物連結起來,從而突顯某些利益。舉例來說:

你的身體該進行MOT檢查了嗎?[9]

如果你是40歲以上的男性,那麼你可能面臨許多健康風險——有些重大,有些輕微。現在,就找家醫科預約健康檢查,確保你的身體在退休後依然運作良好。

從物理層面來說,人體與汽車之間的共通點並不多,但有一個共同點:透過定期檢測和「保養」,可以預防健康問題和避免故障。

這個隱喻將讀者可能感興趣的事物(汽車),與他們試圖迴避的事物(自己的健康)聯繫起來。而訴諸的就是人們希望保持一致性的心理傾向(見第12章):你會保養你的汽車,何不以同樣的方式對待你的身體?這種隱喻還可以輕鬆地轉化為視覺效果。例如,一位車主在汽車旁接受健康檢查,或者在照浴室鏡子時,看到維修保養的指示燈亮起。

繼續談論汽車領域,嘉實多(Castrol)GTX機油的標語便是一個例子:

液體工程。

這簡潔的比喻將看似平凡的機油與複雜的專業技能相提並論。雖然駕駛可能很難想像機油如何在引擎的內部發揮潤滑作用,但他們肯定可以聯想到一位細心的技師在調校引擎的畫面。這個隱喻將模糊抽象的東西變得清晰具體。

隱喻可以讓新事物變得更容易理解,就像前言介紹撰寫文案的那座橋一樣。當汽車剛被發明時,人們用「無馬拉的馬車」來描述那個他們不知道的東西。而我們仍然使用「無線」,來形容那些早已擺脫電線束縛的設備。

例如,以下是瑪氏旗下的寶路 DentaStix® X型潔牙骨的廣告標語:

你刷牙,牠們啃咬。

這句話將狗和主人進行了類比,暗示Dentastix®是「狗的牙刷」。

隱喻還可以讓一些令人厭煩的事情變得更有吸引力,或讓無聊的事情變得更有趣。以下是Habito的一句標語,這家公司專門幫助人們申請抵押貸款:

我們會幫你吃掉房貸花椰菜。

這句標語將申請房貸比喻為吃花椰菜,從多個層面來說都十分貼切。兩者在不同方面都「對你有益」,但也都是你可能會逃避或拖延的任務。(這句話假設你不喜歡花椰菜。但即使你喜歡吃,這句話的意思還是很清楚,因為花椰菜的壞名聲在這裡發揮了作用。)用「吃掉花椰菜」的提議,讓人聯想到學校餐廳裡,有人友善地提出幫你吃掉盤中不想吃的東西。而僅用短短幾個字來描述,正是隱喻的魅力所在。

同樣的方法也適用於B2B領域。比方說,社群媒體管理平台Hootsuite®的這句標語:

減少海量資訊,發現重要資訊。

這句話將抽象的過程(產生新的業務開發名單)變得具體、實際,同時表達了利益(用更少的努力獲得更多的高價值待開發客戶)。

隱喻還可以反向操作,讓熟悉的事物變得新奇刺激,例如著名的健力士(Guinness)「衝浪者」廣告。[10] 這支廣告建立在兩個隱喻之上:健力士啤酒的泡沫如同浪花上的白色浪尖(「白馬」),而健力士啤酒的飲用者等待泡沫消散再享受啤酒的過程,與衝浪者等待完美波浪的耐心相似。然後,這些想法透過華麗的文字與畫面展現,最終打造出史上最佳的廣告之一。

另一方面,需要注意的是,某些隱喻已經變成陳腔濫調。這

在令人驚豔的健力士「衝浪者」廣告中,海浪就像白馬一樣奔騰
經健力士公司授權轉載。

通常是因為它們能有效解釋特定抽象概念或服務,而這些概念或服務很難用有趣的方式來描述。例如,你可能看過用掛鎖的圖示代表網路安全、雨傘代表保險、燈泡代表新點子、棋子代表策略,或路標代表規畫的廣告。[11] 如果這些視覺隱喻在你的領域中已經變得泛濫,那麼你可以採用簡單直接的文字,而**不依賴隱喻**,這樣你的文案可能會更突出。

對比,讓文案有更強的情緒衝擊力

類比強調的是相似之處,而對比則突顯相異之處。與其說「這個像那個」,不如說「這與那個不同」,或者「這樣,但另

一方面又是那樣」。對比型文案通常揭示兩件事之間的衝突性，並把它們很好地整合在一個訊息裡。

要製造對比，可以思考如何突顯不同利益之間的差異，或者相同利益的不同面向。例如，以下是 Vauxhall Corsa 的品牌主張：

> 小車大個性。

這句標語對比的是汽車的尺寸和它的「個性」。而「個性」實際上是指它的造型、設計、配件，以及 Corsa 品牌的無形價值。這種方式傳達，花一筆小錢，你可以獲得這輛車的許多優點。

這種對比方式同時展現了產品的多個優點（和缺點）。若讀者對小型車感興趣，這句標語表示 Corsa 比競爭對手更有個性。如果讀者認為車身小是一個缺點，標語則暗示其他優點能夠彌補這一不足，車雖小巧，但很酷炫。

正如這個例子所示，對比的兩個元素並不一定要**完全**對立。在 Corsa 的標語中，「大」和「小」似乎是直接的對比，因為它們在字面意義上是相反的。然而，仔細觀察後你會發現，其實只是文案將兩個想法結合起來，用來表達一個觀點罷了。

事實上，如果對比**過於**直接，可能會導致矛盾而非對比。例如，看看豐田 Yaris 的這個合併詞標語：

大小（Bigsmall）。

我認為這樣的表達並不太成功，因為大家都知道東西不能同時又大又小，除非這個東西的內部空間比外觀看起來更大。因此，這句標語不但不吸引人，反而聽起來不合邏輯。

透過正確的句子架構和用詞，對比會更加生動。就像上奇廣告（Saatchi & Saatchi）在1970年代，為英國健康教育委員會創作的這句標語：

人人愛飲酒，無人愛酒鬼。（Everybody likes a drink. Nobody likes a drunk.）

在這裡，「人人」和「無人」是反義詞，而「飲酒」（drink）和「酒鬼」（drunk）在英文原文中則運用了頭韻的修辭手法，加強了聯繫。同時，這些詞語的對比意涵（美好時光與惡劣行為）深化了訊息的力量。（第11章會進一步討論詞語的修辭技巧。）

活用七宗罪、幸災樂禍心理⋯⋯讓你的文案有料有笑

幽默是文案寫手的強大武器，它能吸引讀者的注意（這本身就是一項挑戰）。而要讓讀者牢牢地記住，更是難上加難。幽默

還能讓讀者喜歡你，增強說服力（這一點會在第12章詳細討論）。最重要的是，只要幽默與產品相關，可以非常有效地表達產品的利益。

有些公司可能擔心，幽默會讓他們的產品顯得愚蠢或微不足道。然而，幽默仍然可以傳達嚴肅的訊息。1984年，華特・孟岱爾（Walter Mondale）借用連鎖餐廳溫蒂漢堡（Wendy's）的著名廣告標語「牛肉在哪裡？」抨擊黨內對手蓋瑞・哈特（Gary Hart）的政見空洞，最終贏得了民主黨總統的提名。這句話原本只是電視廣告中一帶而過的台詞，現在已經成為了慣用說法，比喻沒有實質內容、站不住腳的事物。

搞笑的方式有很多。你可以很直白，也可以超現實；可以誇張搞笑，也可以運用微妙的機智；可以粗獷奔放，也可以文雅含蓄；可以真誠動人，也可以帶點挖苦意味，一切取決於產品或品牌的語氣。正如本章稍後將提到的，勁爆的泡麵廣告標語與銀行廣告中優雅的雙關語截然不同。（關於這一點，第14章將進一步探討語氣問題。）

無論選擇哪種方式，文案顯然都要有料有笑。然而，這並不意味著你一定要自己笑出來。事實上，如果你自己覺得文案很好笑，可能是一個危險訊號。在撰寫文案時，重點應該是**讓讀者發笑**，而不是要取悅自己或客戶。話說回來，幽默是主觀的，你要確保笑點符合目標讀者的口味。就好比有些讀者可能喜歡《蒙提・派森》（Monty Python）這類荒誕喜劇，也有些讀者偏愛《布

朗夫人的兒子們》（*Mrs Brown's Boys*）這種情境喜劇。

要從幽默的角度出發，可以從產品的某個特性入手，將其誇大或扭曲，直到它變得滑稽。例如，屢獲殊榮的文案寫手保羅・伯克（Paul Burke）建議從「七宗罪」——驕傲、貪婪、色慾、嫉妒、貪食、憤怒和懶惰出發，並套用到產品上，看看會得出什麼有趣的結果。[12]

例如，價格比較網站Money Supermarket的行銷標語是「你有夠Money Supermarket的」，將精打細算的驕傲推到令人啼笑皆非的極致。而家樂氏的鬆脆堅果玉米片（Crunchy Nut Corn Flakes®）的電視廣告，展示了人們因過於貪戀這款產品而陷入各種搞笑困境，廣告標語是：

問題是它們太美味了。

許多喜劇都建立在幸災樂禍的心理之上。當我們看到某人出糗，還是他們自己出的包，我們往往會慶幸自己不是當事人。有些文案也會利用這種心理，從那些沒使用產品的人身上製造笑料，例如，「後悔沒去Specsavers眼鏡店」系列廣告中，展示的那些不幸遭遇；以及蘋果公司「買台Mac」（Get a Mac）系列廣告中，將刻板的PC使用者與輕鬆自如的Mac使用者對比，來溫和地嘲弄競爭對手的作業系統。這類廣告讓觀眾想要避免成為笑柄，而購買該商品就是避免這種情況的解方。

某些主題，例如死亡和痛苦，可能並不適合作為幽默題材。你不會在葬禮上的悼詞中開玩笑，也不會在流浪漢面前揮舞一張5英鎊的鈔票。此外，有些笑話換到其他國家就效果欠佳，因為它們需要讀者對特定情境、經驗或文化的理解。

最後，讓你的幽默自然而然地顯現。想像一下，你在聚會上遇到一個男人，他一開口就聲稱自己很有幽默感，你大概不會相信他。事實上，你更有可能認為恰恰相反。如果他真的想說服你，只須講一個好笑的笑話即可。同樣的，幽默的文案應該令人發笑，無須刻意表現或過度誇張。

文字遊戲要玩得好，關鍵在……

如果想打造幽默感，很多人第一時間想到的，往往是圍繞品牌或產品名的雙關語，但這就好比是有創意的即興俏皮話。不幸的是，雙關語的傳達效力可能不夠出色。文字遊戲不一定能讓人覺得機智。

例如，我家附近有個游泳池，電子計分板上會出現當地公司贊助的訊息，像是「進入快速道」（move into the fast lane，按：其中 lane 同時指車道和泳道）」或「深入了解我們的新菜單」（dive into our new menu，按：英文 dive，有跳水和深入了解的雙重含義）。這些訊息僅僅在游泳的情境與產品之間建立了一個表面的連結，但並沒有提供任何利益，也無法激起觀眾的好奇心，更別說讓人有

興趣了解更多內容。更重要的是，它們甚至毫無趣味。就創意程度而言，這些點子絕對停留在「淺水區」。

相較之下，以下這則受湯姆‧克魯斯主演的1988年電影《雞尾酒》（*Cocktail*）啟發的海報標語，則在多個層面上都非常成功：

> 他掌杯時，掌控全場。（When he pours, he reigns.）

首先，它利用了讀者熟悉的諺語「不雨則已，一雨傾盆」（It never rains but it pours），透過同音詞 rains 和 reigns 的轉化吸引注意力，同時又創造了新的意義，而非簡單地重複老套的表達方式。接著，這個文字遊戲精準地傳達了電影的背景（「掌杯」暗指調酒）與故事的核心（「掌控」象徵一位技藝高超的調酒師）。

從這個例子，我們學到：雙關語應該用來表達觀點，而非為了創作而創作。缺乏意義支撐的雙關語不過是隨手拋出的笑話罷了。但若雙關語能實際傳遞某種訊息，它就能展現出強大的表現力，不僅令人印象深刻，還簡潔有趣。

例如，特易購超市（Tesco）送貨車上的標語是：

> 新鮮點擊。（Freshly clicked.）

標語旁還配上了可口多汁的串收番茄圖片。這不僅僅是一句玩笑話，更是傳遞訊息的好例子。它讓人聯想到「新鮮採集」（freshly picked）的概念，將摘下藤蔓的番茄、在超市挑選產品，與線上購物時用滑鼠點擊進行類比。這巧妙地消除了讀者對於在線上購物，是否會買到次等或過期農產品的擔憂。

繼續談與送貨相關的案例，以下是 Abel & Cole 在運送新鮮蔬菜時使用的標語：

送農產品上門。（Fields on wheels）

這句標語將大家熟悉的「送餐上門」（meals on wheels）改編，表達了 Abel & Cole 開車將農產品從田間送到你家門口的特色。

Timberland 則利用雙關語，在標題中展現了相當複雜的產品特色：

在我們的鞋子上塗上顏色？（Paint the colour on our shoes?）
我們寧願用染色。（We'd rather dye.）

前半部分告訴讀者，鞋子的顏色其實可以透過「塗」來實現，這是許多人可能未曾想到的。而後半部分的「染色」（dye）

解釋了Timberland的實際做法——使用染料而非油漆，同時透過英文同音的「寧願死」（rather die）雙關，體現了染料勝過於油漆的訊息，以及品牌對品質的堅持。雖然需要100多個中文字來解釋這句話的巧妙之處，但這則雙關文案僅用9個英文單字便完成了相同的效果。

另一種選擇是直接在產品或品牌名稱上使用雙關語。比方說，知名廣告人戴夫・卓特（Dave Trott）透過以下標語，突出了產品的耐用性：

阿里斯頓，永不停頓。（Ariston and on and on）

或是用標語模仿友好的打招呼方式：

哈囉，小芝，用過東芝嗎？（Hello Tosh, got a Toshiba?）

更近期的範例為利潔時旗下的Cillit Bang清潔產品系列，巧妙地利用品牌名稱，創造出一個強調利益的標語：

Bang！汙垢一掃而空。（Bang! And the dirt is gone.）

如今，很少有品牌在名稱上玩雙關語，也許是因為現在更重

視品牌形象。（Cillit Bang的廣告是一種有意的復古風格。）然而，雙關語仍然是有效的方法，能將品牌名稱嵌入到令人難忘的短語中，避免觀眾記住標語、卻忘了品牌的情況。

即使你的雙關語點子不夠深刻，無法作為標題或核心概念，也應該將它們記錄下來。這些點子說不定還能用在其他地方，比如廣告的正文部分。

一張圖像，勝過千言萬語

許多文案撰寫者喜歡在文字上細細雕琢，卻將版面和圖像留給視覺設計師處理。但一些最具影響力的廣告文案，即使不依靠文字本身的意義，也能借助視覺內容來加強訊息傳遞。事實上，有些「文案」甚至完全沒有文字，而是透過畫面來表達想法。

一個好的原則是，將訊息放入文字或圖像之中，但不要同時放入兩者。換句話說，文案和圖像應該相輔相成，共同傳遞單一的想法。文案無須描述圖像中已經展現的內容，圖像也不必重現文案所說的內容。

假設你在為新的自行車清潔液撰寫廣告。目標讀者是自行車愛好者，而該產品的利益是可以快速、輕鬆地清潔自行車的每一部分。若沒有使用任何圖像，你可能會下這樣的標題：

　　向你的自行車展現你有多喜歡它。

但如果廣告中配有一輛閃閃發亮的自行車圖片，就可以省略「自行車」這三個字，因為圖片已經表達了這個意思。

給它一些愛吧。

最後一步是一張圖片，顯示一名自行車騎士親密地將臉頰貼在自行車的前輪胎上，而清潔產品則放在前景中。在這種情況下，如果你和客戶夠大膽，完全可以不需要任何文字說明。

但如果產品是難以具體描述的B2B服務呢？可以嘗試將焦點放在服務的客戶或提供服務的工作人員身上。你可以用借代，以部分代替整體，例如用清潔服務中的雞毛撢子，來象徵整體服務；或者使用視覺隱喻來表現服務的利益，只要不落俗套即可。

設計和視覺表現對文案的效果有著極大的影響，因此，如果可能的話，你最好能參與其中。這就是為什麼廣告公司會安排文案和藝術總監組成創意團隊，他們能從不同、但互補的角度出發，共同探討brief。如果你有機會與設計師這樣合作，一定要好好把握，因為與想法不同的人共事，真的能激發全新的靈感。

如果沒有這樣的合作機會，則需要找到另一種方式向設計師清楚表達你的圖像構思。雖然有些設計師會花時間閱讀和消化你的文案，但有些設計師會直接從視覺角度切入brief——畢竟這是他們的專業。若你可以直接與他們交流，那是最理想的。但要是無法直接溝通，你可以在文案文件中加入注釋，清楚說明你的想

法，或畫粗略的草圖（稱為「示意圖」），展示你想像中的文案、圖像和版面如何協同運作。

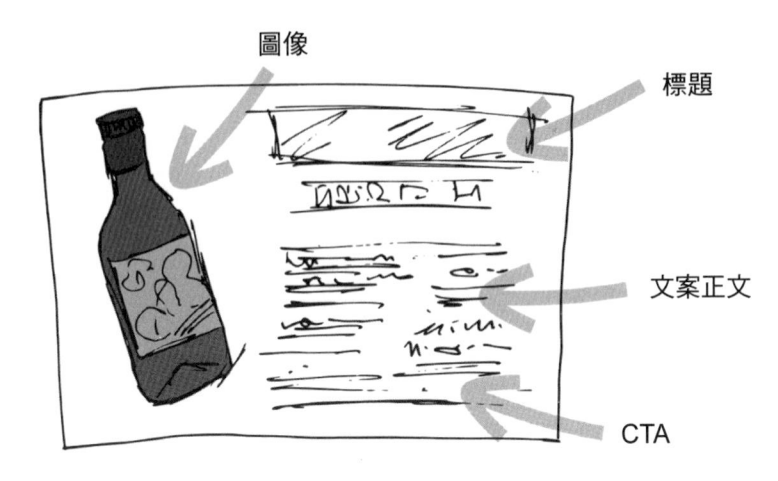

繪製示意圖，呈現你的文案如何與版面和視覺效果搭配

讓文案「暗藏玄機」，引爆解謎快感

你在看電視劇或戲劇時，角色很少會直接說出自己的想法。相反的，你必須讀懂他們的言外之意，或解讀他們的行為，才能明白他們在想什麼。這樣的表現方式讓戲劇更具說服力，同時也讓觀眾的體驗更有價值。

當你用畫面說故事時，你讓讀者自行解讀訊息，而不只是被動接受產品資訊或購買命令。這樣，讀者不再是坐在一旁被動地接受訊息，而是需要主動連結線索，自己得出結論。比方說：

ingle ells,

ingle ells.

少了 JB，聖誕節就不一樣了。（按：這句話改編自耳熟能詳的〈聖誕鈴聲〉〔Jingle Bells〕歌詞，巧妙去掉了兩個「J」和「B」字母，讓讀者自己聯想到品牌或產品。）

《經濟學人》雜誌的經典文案廣告是這種手法的絕佳範例，這些廣告最初由大衛‧阿伯特（David Abbott）創作，例如：

「我從未讀過《經濟學人》。」
——42歲的經營管理實習生。

這則廣告策略的潛台詞，是將「雜誌」與「智慧」連結起來，但廣告並未直接這麼說。相反，在這個例子中，我們被引導去想像一位表現不佳的儲備幹部，他在42歲時仍然只是個實習生。顯然，我們會推測這個人不夠聰明。而我們也知道，他從未讀過《經濟學人》，於是便自然而然地推論出：閱讀這本雜誌或許能幫助他變得更聰明。

這則廣告就像一個謎語，讀者必須解開謎底，才能理解它的含義。在這個過程中，讀者會更深入地投入廣告之中，體會它的巧妙之處，同時也會獲得心理上的回報，感覺自己很聰明。當然，有些讀者或許完全看不懂這個廣告。但這在某種程度上也是

廣告的意圖,因為這些讀者可能本來就不是這本雜誌的目標受眾。

「用畫面說故事」也適用於依賴視覺表現的文案。後來,《經濟學人》的一張海報採用了他們標誌性的紅色背景,再加上《雷鳥神機隊》(*Thunderbirds*)中「大腦」(Brains)這位書呆子角色的照片。你必須知道大腦這個角色是誰,才能領會這則廣告的幽默,而這正是它吸引人的地方。

福特以前在宣傳敞篷車時,也採用過類似的策略。廣告中展示了一張老式嬰兒車的圖片,旁邊配了一句標語:

唯一銷量超過福特敞篷車的敞篷車。

要理解這句話,讀者需要先意識到嬰兒車和敞篷車的共同點:它們都有可以向後折疊的車頂。然後,他們必須想到世界上嬰兒車的數量(或過去的嬰兒車)在數量上遠超敞篷車。最後,他們會明白:福特的敞篷車是最暢銷的。

你甚至可以使用語言本身的結構來表達觀點。例如,瑞士人壽(Swiss Life)在推廣人壽保險的廣告時,使用了一句巧妙的廣告文案:

全世界的女人我只愛妳;可我現在愛的是男人。(You are the only woman I love a man now.)

應對人生所有波折：
選擇靈活的財務規畫。

英文標題是由兩個句子重疊組成，並以一個共同的詞組（I love〔我愛〕）為核心。然而，儘管這兩個句子共享一個概念（這裡是愛某人），但它們的含義卻完全不同。這段文案傳達了「生活變化迅速」的概念，而我們在閱讀時所感受到的，是這種變化帶來的困惑感。（與《經濟學人》的廣告不同，瑞士人壽的文案為讀者提供了一些線索，如使用「波折」一詞，來幫助解開這個句子的含義。）

「用畫面說故事」的趣味性在於，它經常會給讀者設置障礙。讀者必須花點心思去解讀廣告的含義，如果他們不願意花時間思考，可能永遠無法完全理解這則廣告所傳遞的訊息。這也許會讓客戶擔心文案根本無法打動讀者，甚至認為這是在浪費行銷預算。由於讀者需要參與其中，以利自己解讀訊息，進而增加了記憶點。雖然犧牲了一些即時性，但「用畫面說故事」能換取更長久的影響力。

為你的文案投下「震撼彈」

衝擊性的文案可以震撼讀者，讓他們從自滿中清醒，並想繼續閱讀下去。以下哈里森基金會（Harrison's Fund）的文案，正

全世界的女人
我只愛妳；
可我現在
愛的
是男人。

應對人生所有波折：
選擇靈活的財務規畫。

SwissLife

瑞士人壽從句子結構下手，來表達其觀點
經瑞士人壽授權轉載。

Chapter 8　原來，創意鬼才是這樣發想的　161

是例證。該基金會是一家對抗裘馨氏肌肉失養症（Duchenne muscular dystrophy，DMD）的慈善機構：

我希望我兒子得的是癌症

　　我6歲的孩子哈里森患有裘馨氏肌肉失養症。像他這樣的患者，全英國約有2,500名，其中大多數在20歲之前就會死去。與癌症不同的是，這種疾病既沒有解藥，也沒有療法。由於你可能從未聽說過這種病，相關研究的資金也極度匱乏。我唯一的希望，是盡可能為研究人員籌集資金。他們即將取得重大突破，而你的5英鎊可以讓他們更接近這一目標。

這個標題太令人震驚了，你一定會**想**找出為什麼有人要說如此不尋常的話，這會帶領你看完剩下的文案。

另一種方法是製造分裂：取悅某些讀者，同時激怒、甚至冒犯其他讀者。這樣做並無妨，只要被冒犯的對象是那些永遠不會購買該產品的人即可。例如，嬌生旗下的嬰幼兒感冒退燒藥 Calpol® 的口號：

　　如果你有孩子，你會明白。

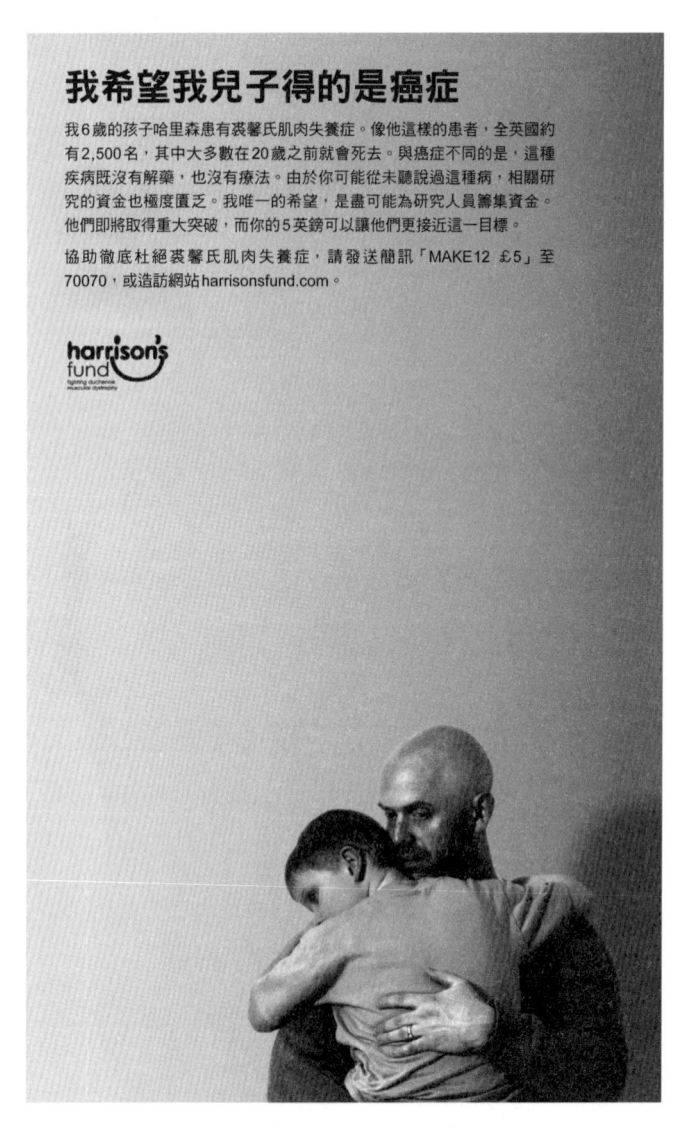

我希望我兒子得的是癌症

我6歲的孩子哈里森患有裘馨氏肌肉失養症。像他這樣的患者,全英國約有2,500名,其中大多數在20歲之前就會死去。與癌症不同的是,這種疾病既沒有解藥,也沒有療法。由於你可能從未聽說過這種病,相關研究的資金也極度匱乏。我唯一的希望,是盡可能為研究人員籌集資金。他們即將取得重大突破,而你的5英鎊可以讓他們更接近這一目標。

協助徹底杜絕裘馨氏肌肉失養症,請發送簡訊「MAKE12 £5」至70070,或造訪網站 harrisonsfund.com。

harrison's fund
fighting duchenne
muscular dystrophy

哈里森基金會的衝擊型文案
經哈里森基金會授權轉載(WWW.HARRISONSFUND.ORG)。

這句話觸及了父母內心的共同經驗，只有親身體驗過的人才能真正理解。如果你沒有子女，這句話會讓你感到冒犯，甚至不悅。但這並不重要，因為沒有子女的人通常不會購買Calpol®，也不會將它作為禮物送人。這樣的標語即使惹惱他們，也不會帶來任何損失。

聯合利華旗下的泡麵品牌Pot Noodle在2002年的行銷活動中使用了更勁爆的標語：

最蕩婦的零食。（The slag of all snacks）

這句標語的概念本身就極具爭議性，措辭也同樣如此。由於廣告中使用了有冒犯意味的「蕩婦」（slag）一詞，[13] 在電視播出後引發大量投訴，最終遭到禁播。然而，這反而為品牌帶來了巨大的宣傳效果，可以說比廣告本身的影響力還要大。當然，品牌方無法事先預料到這樣的結果。煽動情緒是一場高風險、高回報的賭局——你冒著名譽受損的風險，換取引起關注的機會。

「如果別人都向左轉，你就要向右轉」

「與眾不同」（Do different）是東安格里亞大學（University of East Anglia）最初的校訓。1960年代，我父親負責該大學的公共關係工作，他希望能在招生手冊中真正體現這句話的精神。

當時，幾乎所有高等教育機構的招生手冊，格式都是A5尺寸（約14.8公分 × 21公分）。因此，我父親決定將東安格里亞大學的手冊設計成正方形。這樣一來，它在書架上顯得格外醒目，不僅感覺與眾不同，外觀也獨樹一格，而且呼應了該大學校園四四方方的粗獷主義建築風格。媒介即訊息：這不是一所單調無奇的省立大學，而是走在時代前面的先鋒。

這個啟示十分清楚：如果別人都向左轉，你就要向右轉。

與眾不同就是令人難忘。在其他條件相同的情況下，如果你能脫穎而出，人們會更容易記得你。心理學家稱之為雷斯托夫效應（von Restorff effect）。

自2007年金融危機以來，金融服務品牌一直強調其柔性的一面，試圖將自己塑造為值得信賴的朋友，而非純粹的金錢中介。然而，瑞士私人銀行Hyposwiss打破常規，推出一系列純文案的廣告，嘲諷那些自以為是、刻意莊重的主流金融品牌。他們的廣告標語如下：

「我們不僅僅是一家銀行。」

「這與你和我們無關，真正重要的是你的錢。」

「時間就是時間，錢就是錢。」

「即使你以積極的態度看待風險，它仍然是風險。」

而該行銷活動的核心精神，也透過一則顛覆傳統的標語完美

呈現：

> 期待已知的事情。

Hyposwiss的文案在眾多過度友善的金融品牌中脫穎而出。它倡導銀行業應該「公事公辦」，讓其他銀行顯得虛榮、靠不住。這不僅讓Hyposwiss顯得更加可靠，也反襯出競爭對手的不足。[14]

重新思考，那些你覺得理所當然的事

探索新創意方向的一種好方法，就是逆向思考，不用常見的產品描述方式。首先，想一想brief中那些顯而易見或理所當然的事情。然後問自己，「如果反其道而行，會怎樣？」

頂尖文案寫手尼克・阿斯伯里（Nick Asbury）以年報為例。[15] 通常，年報的內容冗長、枯燥、陳述事實，語氣平淡、正面。但如果年報變得簡短，像一首詩或一本圖畫書呢？或把它寫成浪漫小說或繪本小說？如果它充滿謊言、玩笑或偏離內容呢？或表現出哀傷、渴望或幻想？

當然，並非每個點子都可行，但這種方法可以產生多種不同的方向，提供靈感。然後再從中挑選最有潛力的想法，開始創作。

高級百貨公司夏菲尼高（Harvey Nichols）的聖誕廣告「對不起，我把錢花在自己身上了」，就是絕佳的逆向思考範例。這則廣告強調人們為了款待自己，給親戚準備了極其廉價的禮物。[16] 夏菲尼高沒有像其他節日廣告那樣宣揚「付出」，而是聚焦於「貪婪與自私」，讓其他品牌顯得虛偽矯情，也使夏菲尼高在競爭最激烈的節日行銷旺季中，脫穎而出。

靈感枯竭？用「重新定義」，讓產品脫胎換骨

重新定義指的是，用不同的方式看待同一件事。

比方說，拉布拉多犬既是孩子可愛的玩伴，也可以成為盲人的可靠導盲犬；一把刀在廚師手中是創造美食的藝術工具，但在心理變態者手中卻可能成為致命的武器。

有時，在面對自家產品時，公司可能會陷入特定的思考方式。長期下來，他們對消費者的購買原因或喜好，已經有了定見。如果你的任務是為這些公司想出全新的行銷角度，這種僵化的思維是一大挑戰。

在第2章中，我們探討了如何找到你想傳遞的最重要利益。然而，如果這些利益並未激發任何創意靈感，那麼，嘗試從不同、且看似次要的利益切入，可能會帶來更好的效果。

在《廣告狂人》的第一集中，唐・德雷柏（Don Draper）出席了一場好彩香菸（Lucky Strike）高層的創意會議。他們的點

子很快就枯竭了，所以唐就讓與會的主管談談香菸的製作過程。當他們提到煙草是經過「種植、收割、加工和烘烤」時，唐靈光一閃，提出了好彩香菸的新標語：

> **這是烘烤過的／得到祝福的。**（It's Toasted，按：toast同時有「烘烤」跟「舉杯致敬、祝福」之意，一語雙關。）

事實上，**所有的**香菸都是經烘烤過的煙草，因此「烘烤」並不是真正獨特的利益，只是普遍的特質。但唐卻巧妙地利用這一點，重新塑造了產品的形象，將它從健康隱患，轉變為令人聯想到舒適和溫暖的事物，就像家常菜一樣。（而「It's Toasted」確實是好彩香菸的經典標語。）

讓我們來看看傳單行銷公司Dor-2-Dor寄到我信箱的傳單標題：

> **保持健康，還能賺錢**
>
> 誠徵可靠的成年傳單派送員。

招募廣告中很少強調利益，大多數公司似乎認為「提供工作機會」本身就足夠吸引應聘者了。對於像派送傳單這樣普通、低技術的工作，這種方法似乎合情合理。但Dor-2-Dor卻重新定義了這份工作，將其轉化為既能改善健康，又可以賺取收入的機

會。這是一個極具吸引力的提議，尤其是這份傳單發出的時機恰好在聖誕節後。

從制裁花粉到夜晚決戰，如何用「戲劇性」抓住讀者？

要讓人以新的角度看事物，幽默是非常好的助力。以不同的視角切入可以幫助你放大某項利益，同時讓人會心一笑並認同你的觀點。笑話與利益相輔相成，當讀者記住笑話時，也往往會記住產品的好處。

例如，鮮花為夏季帶來色彩和香氣，但它們的花粉卻讓花粉症患者苦不堪言。因此，嬌生公司旗下的 Benadryl® 巧妙地將這些花朵重新塑造成橫行無忌的惡棍，迫害無辜之人，而自家的抗過敏藥則是這些「罪犯」應得的嚴厲制裁：

「可惡的花兒，別讓它們得逞。」

文案對產品的實際利益著墨不多，但表現依然出色。透過用娛樂效果代替資訊，在同一款藥有太多藥廠產製、且廣告詞大同小異的市場中，Benadryl® 成功脫穎而出。

IKEA® 的臥室家具電視廣告從不同的角度切入，探討我們不常思考的問題：

這一刻已經到來，不能再猶豫了。你必須去完成你準備要做的事情，儘管會有人試圖阻止你。讓他們試吧！這是屬於你的時刻，抓住機會！因為今晚，你將奮戰到底——

在睡眠中獲勝。

同樣，文案並沒有直接提及IKEA®家具的利益，而是專注於讀者真正關心的問題——如何一夜好眠。文案將這簡單的靜態活動，轉化為一件值得關注的重要事情。因此，選擇優質臥室家具的想法就自然而然地浮現，就像白天過後迎來夜晚一樣。

從客戶見證到毛孩心聲，「換個視角」效果更驚人

大多數文案通常以品牌自身的語氣陳述，或以全知的「上帝視角」來表達。但有時候，從旁人的角度切入效果會更佳。

最常見的角度是顧客的心聲，他們往往更能坦率談論品牌與產品，這也是為什麼許多網站會強調客戶評價的原因。雖然有些評論可能稍顯平淡且一本正經，但愛丁堡會計師事務所Cowan & Partners的這則廣告，卻巧妙地玩出了新意：

「用三個字形容我的會計師？
數字比我強。」

紐黑文路火箭公司的喬，

Cowan & Partners 15年的忠實客戶

這句話不僅幽默且令人印象深刻，也體現了找到值得信賴的專家，能消除你的擔憂，讓你如釋重負。

正如我們在第2章中提到的，買家並不一定是產品的使用者，在某些情況下，實際使用者對產品的看法可能更有說服力。例如，早在1980年代，瑪氏旗下的貓飼料品牌偉嘉（Whiskas®）就使用了這樣的標語：

貓會買偉嘉。

更近期的範例為樂高積木的一則精彩廣告，以更趣味橫生的方式採用了相同的手法：

一艘紅色潛水艇在馬拉喀什（Marrakesh）的街道上航行時，發現一隻牛頭怪正對著可怕的獵人大軍發射武士刀、外星人和馬丘比丘遺址，就在這時，樂高英雄工廠的機器人騎著五條腿的駱駝，阻止了拿破崙和太空人穿越迷宮，整個馬戲團都因此鬧哄哄的，還讓獅子、七號賽車和競技場快速爬上聖母峰，尋找一個滿是海盜船的鍋子，試圖挽救局勢，擺脫食人族、魔法聖誕樹和可怕的巧克力怪物。

這則廣告巧妙地喚起了孩子玩耍的方式，將周遭的環境或自己無限的想像融入遊戲中。如果用品牌、甚至家長的口吻來撰寫這段文案，恐怕會顯得生硬呆板，完全不酷。我們只有從樂高創造者的口中，才能聽到這一長串的精彩角色。

下頁來自英國公共部門工會UNISON的海報，則從新的視角來看待社會照護工作者。

海報中兩個並排的句子以「應付」一詞為核心，呼籲讀者在看重個人需求的同時，也同樣要重視照護者的需求。

另一種方法是採用看似與產品關聯不大的視角，但依然能有效展現其利益。以下是舊金山大學的例子：

> 在你未來的每一次工作面試中，每次面試開場時，你的潛在雇主都會說：「哦，我很喜歡舊金山！」

原本的文案可能只是平淡地說：「來美麗的舊金山學習。」然而，這則文案從未來面試官的視角切入，讓我們以全新的方式思考大學的選擇——將其視為一個影響終生的重要決定，而不僅僅是享受幾年校園生活的抉擇。

另一種角度，是以那些羨慕產品使用者、後悔選擇競爭對手產品，或剛剛轉換到該產品的人為出發點。從他們的角度撰寫故事，這樣的文案效果也不錯（見第10章的「壞文案講道理，好文案說故事」）。

UNISON這張直擊人心的海報，展現了同一現實的兩種視角
經UNISON授權轉載。

你甚至可以採用**不是**產品受益者的觀點。以防盜警報器為例，它可以為屋主提供安全保障和安心。因此，從產品受益者的角度出發，以功能為主的直白文案可能是：

使用 HomeGuard 3000，保護最重要的東西。

然而，警報器也會讓竊賊感到棘手。你可以利用恐懼，採取問題／解決方案的角度：

外頭有竊賊，讓他們進不來。

或者用幽默的方式表達：

盜竊是一種輕鬆的生活方式，不要讓它變得更簡單。

最後，你還可以假裝文案是為其他人而寫，但實際上卻是針對你的讀者。比方說，庫克邵森林保護區（Forest Preserves of Cook County）的標語就採用了這種方法：

鹿，要注意！

不要吃人類的食物！
它難以消化，無法提供你所需的營養；
它會腐蝕你的牙齒；
（祝你好運找到鹿專用牙醫。）
它會讓你向人類討食；
它會助長致命疾病的傳播，威脅你和你的朋友的生命。

這樣的文案出人意料地用幽默表達了嚴肅的觀點，並激起讀者的好奇心——因為我們都喜歡閱讀那些不是給我們觀看的內容。

把你的「弱點」，轉化成消費者信任的理由

當產品難以找到關鍵利益或USP來支撐文案時，可以嘗試把表面上的「缺點」轉化為賣點，在此過程中甚至巧妙地影射競爭對手的不足。

租車公司艾維士（Avis®）正是透過其著名的標語成功逆襲的：

> 我們更加努力。

當時赫茲租車（Hertz®）是市場領導者，而艾維士排名第二。對於消費者來說，雖然選擇市場領導者可能代表安心，選擇第二名似乎有些妥協。然而，艾維士扭轉了這一刻板印象，暗示領頭羊或許自滿，排名第二的公司則需要全力以赴來贏得顧客的信任，而這意味著提供更好的服務。

安海斯—布希英博（AB Inbev）旗下的歐洲啤酒品牌時代啤酒（Stella Artois）採用了類似的標語：

> 貴得放心。

相比競爭對手，更高的價格或許是一種劣勢，但只要能說服消費者，更高的價格意味著品質的保證。時代啤酒做到了這一

點,暗示啤酒愛好者其實**願意**為更高價位的啤酒買單,因為這為他們提供了品質的「保證」。

JustGiving的電子郵件文案採用了類似的手法:

下載你的募款海報

> 在臉書出現之前的孤獨年代,許多募款人用傳統的方式,即「張貼海報」,來分享他們即將舉行的活動訊息。
> 繼續下去,走復古路線吧!

這種略帶過時、仿若歷史教科書的語氣,加上些許諷刺的幽默,將傳統的海報從老派、沒有吸引力的工具,轉變成了一種幾乎時髦的選擇。該文案巧妙地引導讀者跳過內心的抗拒,去體驗舉辦活動的實際樂趣。

讓文案,「打破第四面牆」

你看過美劇《駭客軍團》(*Mr. Robot*)嗎?主角艾略特經常直接對你說話,讓你成為他內心世界的一名沉默觀察者。無論艾略特身陷什麼樣的陰謀,你都肯定會被捲入其中。

> 朋友,你好。
> 「朋友,你好?」那聽起來太遜了。

也許我應該給你取個名字,
但這是個危險的開端,
因為你只存在於我的腦海裡。

　　這就是所謂的「打破第四面牆」——讓觀眾不再是被動的旁觀者,而是直接捲入故事中,彷彿自己成為了一個角色。而你也可以讓文案講述自身,提到自身的存在,或談論讀者的閱讀體驗,來實現類似的效果。比方說,電視台帳單信封上的這段文字,利用實體帳單來傳達「改為電子帳單」的訊息:

讓這封信成為你最後一封紙本帳單,
請至 tvlicensing.co.uk/update。

　　這段文案利用讀者對於紙本帳單的負面情緒,傳遞了一個正面的訊息。不想再看到放在門墊上的棕色信封?厭倦了整理文件的麻煩?不願浪費樹木?那麼,改用數位化,立即行動吧。
　　英國心臟基金會的一則長文案廣告採用了類似的手法,但更具情感衝擊力:

這是一個讓人猶豫的選擇:要閱讀這篇文案,還是看一則保

險廣告？

　　你知道的，就是那種充斥著「史上最低價」、「超低利率」等訊息的廣告，只是為了分散你對旅途的注意力，讓時間過得較快，直到你回到家。但如果你永遠回不了家呢？因為心臟病可能在你最意想不到的時候奪走生命，也許就是現在──就在這張海報前，毫無徵兆。想到這點真令人難以接受，但就在你閱讀這篇文章的時候，有相關研究正在進行，帶來希望。透過研究，就有希望，我們可以一起戰勝心臟病。請加入bhf.org.uk的奮鬥，幫助我們為每一次心跳而戰。那麼，接下來的廣告會是什麼？線上約會平台？還是低價寬頻？

　　這篇文案指出了讀者可能沒有意識到的事情，如：他們正在看的海報、周圍的其他人、未來的旅程、自己的心跳與正在進行的研究，來引起注意。整體效果是讓讀者完全沉浸在當下，並引發對生死、時間以及自身選擇的深刻思考。

　　如果你使用這種技巧，請記住你的創意使命。只要你能以戲劇化的方式展現產品利益、滿足需求，並銷售產品，那麼這種「讓讀者意識到這是一則廣告」的手法就大有可為。然而，如果你僅僅為了炫技或表現得太刻意，結果只會讓人覺得傲慢、自負。

借助趣味性，讓文案牢牢抓住讀者的興趣

影視衍生作品、名人代言、音樂合作……這些行銷策略的本質，都是將人們對某件事物的熱情，轉移到另一件事物上。

行銷人員稱之為「借助趣味性」（borrow interest），指模仿某些表現手法，為文案增加趣味。某種程度上，這種手法算不上最具創意，因為它的原理僅僅是將你的訊息附加在其他事物上，然後悄悄植入讀者的腦海，但關鍵在於執行方式。

隨便把你的產品和某個著名事物擺在一起，可能並不奏效。讀者只會開始注意他們喜愛的那件事，而忽略了你的產品。然而，如果兩者之間的聯繫是有道理的，那麼你就有更大的機會抓住他們的興趣。

舉例來說，諾里奇聯合（Norwich Union）保險公司更名為英傑華（Aviva）時，推出了一則電視廣告，廣告中邀請了幾位成名前改過名字的名人：包括林哥・史達（Ringo Starr，原名Richard Starkey）、艾利斯・庫珀（Alice Cooper，原名Vincent Furnier），以及布魯斯・威利（Bruce Willis，原名Walter Willis）等等。廣告運用了強大的明星效應，但這樣的安排是有深刻意義的，與品牌重塑的主題相契合。

如果你的客戶請不起布魯斯・威利拍廣告，也許仍然可以用其他方式運用「借助趣味性」的概念，並避免法律風險。例如，我曾為HelloFresh撰寫過一段廣告文案。HelloFresh提供生鮮定

期配送服務,還會提供食譜建議。文案如下:

廚神上身(Master cheffing)

有沒有想過,如果能有更多時間,你也能贏得評委的青睞?

在HelloFresh,我們為你完成所有繁瑣的準備工作,讓你只須專注於烹飪,然後享受屬於你的光榮時刻⋯⋯

這段文案的靈感來自讀者可能看過的電視節目《廚神當道》(*Master Chef*),溫和地勾起他們對節目的回憶,並利用「我希望能像那樣做飯」的想法來推廣產品。

另一個例子來自保險公司Hiscox,他們的廣告採取了類似的手法:

每位獨行俠都需要一位得力助手(Every Maverick needs a Goose)

我們會為每位客戶指定專屬理賠人員,確保每件理賠都能順利通過。(We assign a single, dedicated claims handler as standard to help every claim fly through smoothly.)

標題設計頗具趣味,而內文的「順利通過」(fly through,

按:原文也有「飛過」之意)巧妙地與《捍衛戰士》(*Top Gun*)以及主角的助手「呆頭鵝」(Goose)形成了關聯。然而,這種幽默感的效果取決於觀眾是否熟悉這部可能比他們出生還早十三年的電影。這也是「借助趣味性」是一把雙面刃的原因:萬一受眾不了解那個哏,文案可能會顯得毫無意義或極其奇怪。

聰明跟風,搭上流量順風車

敏捷行銷在於快速借助趣味性,把你的訊息與當前的新聞或文化事件聯繫起來,利用受眾正在關注和討論的話題,迅速傳遞行銷資訊。

而社群媒體的出現,更真正發揮了敏捷行銷的效能。創意構想可以在數小時內從構思、撰寫到設計及發布——速度至關重要,否則人們的注意力就會轉向下一個故事。你還需要客戶具備足夠的社交影響力和開放的心胸,才能實現敏捷行銷的效果。

2017年奧斯卡頒獎典禮上出現頒獎疏失,將最佳影片獎頒給《樂來樂愛你》,隨後更正為《月光下的藍色男孩》。許多品牌迅速抓住這一熱點,推出了相關廣告,但我認為英國連鎖超市阿斯達(Asda)的反應最為精彩。他們在推特上發布了一段12秒的純文字影片,內容提到:[17]

年度優質食品零售商獎的得獎者是……

瑪莎百貨（Marks and Spencer）。
抱歉，頒獎卡拿錯了。
真正的得獎者是——阿斯達！
真是糗大了。

在2017年法國總統選舉中，中間派馬克宏擊敗極右翼候選人瑪琳・勒朋（Marine Le Pen），引發皇家約旦航空公司的幽默回應，成功酸了勒朋：[18]

法國沒那麼遠⋯⋯對吧？（France is not that far…right?，按：far right也有「極右翼」的意思。）
聰明一點，跟約旦人一樣，搭乘皇家約旦航空。

這些點子之所以奏效，就像巧妙的文字遊戲一樣，是因為它們在事件與品牌之間建立了真實的連結。它們並非只是普通的時事笑話，而是品牌獨有的表現方式，或至少是與品牌高度相關的內容。比方說，阿斯達是開了「弄錯得主」的玩笑，讓人們在看到這則推文時，立刻聯想到奧斯卡的頒錯獎事件。但因為這兩個頒獎烏龍，競爭者都很有力，所以是基於真的「有可能搞錯」的情境，讓人更容易接受並產生共鳴，而皇家約旦航空則結合了政治議題與國際旅行。

相比之下，那些每年2月填滿收件匣的平庸「情人節優惠」

郵件則乏善可陳。它們不僅與想要搭上的節慶商機沒有實質關聯，而且還採用了與許多競爭對手類似的表達方式，根本很難脫穎而出。如果大家都一窩蜂地跟風，最終的結果可能適得其反。

靈感，是「觀察」來的

如果你真的想不出新點子，可以參考他人的創意。這並不是要你直接抄襲，而是將他人的好點子作為自己創意的起點。

許多文案寫手都會保存自己喜歡的案例，建立所謂的「收藏資料夾」。當靈感枯竭時，他們會翻閱這些收藏來激發思路。此外，還有許多書籍和網站專門探討這類主題。[19] 令人驚喜的是，僅僅觀察其他文案寫手的解決方案，常常能啟發你提出自己的新想法。

如果你決定「借用」點子，請把眼光放得更遠一點，不要局限於你所撰寫的領域。比方說，檢視特定行業（例如汽車或金融業）的廣告時，通常可以發現顯著的趨勢，因為競爭品牌往往會互相模仿。建議你可以打破固有模式，試著採用與你的行業完全無關的風格或方法，並思考如何轉化、以符合 brief。

文案撰寫的黃金標準

你的創意可能是更大藍圖的一部分。如果你為廣告代理商工作，他們可能需要多個點子來設計一系列廣告活動，而不是僅僅

一個廣告。或者，假如你直接為客戶工作，他們可能非常喜歡你提出的點子，甚至希望你提供更多想法，即便你的brief只要求構思一個。

無論哪種情況，你都需要思考「如何針對同一主題，產生更多點子」，或是核心概念相同，但創意表現的方式不同。畢竟，有些想法本身很強大，但也正因其獨特性，任何後續的延伸都可能顯得薄弱。所以說，一個能反覆使用、且每次都可加入新元素的創意，才是文案撰寫的黃金標準。正如英國知名廣播節目主持人約翰‧皮爾（John Peel）形容後龐克樂團The Fall時所說的：「總是相同，又總是不同」。

> **實戰練習　發揮你的創意**
>
> 挑選一件你眼前看到的物品，運用本章提到的某個技巧，構思創意的銷售方式。你能如何比較或對比這個物品？又如何體現出畫面感、重新定義它，甚至引發爭議、製造幽默，或將其缺點轉化為優勢？

Chapter 9

寫不下去時，就這樣找靈感

每位文案寫手都會遇到靈感枯竭的時候，
以下是一些讓思緒再次湧現的方法。

記住：大膽發想，不要回頭

當你面臨必須交出作品的壓力時，自然而然會專注於「輸出」：需要產出的文字內容。然而，**輸入**，即進入書寫過程所需的資料、想法和連結，也同樣重要。沒有適當的素材，就無法產出優秀的作品。

換句話說：文案撰寫的核心其實是文案**構思**，實際的寫作只是這個過程的成果記錄而已。

因此，給自己一些時間來構思。暫時放下電腦、筆電、記事本或任何你用來書寫的工具。擺脫電視、手機或平板電腦等干擾物品。找個安靜的地方，花10分鐘思考brief，甚至不用試著記

下任何內容。

如果你是非常字斟句酌的文案寫手，喜歡琢磨字句，那麼這個方法特別適合你。雖然「重視細節」是很寶貴的能力，但在需要激發靈感、以更宏觀的視野面對全局時，過於專注細節可能會限制你的發想。畢竟，要是你的工具只有一隻大畫筆，那麼你的作品也只能以粗線條呈現。

在原地無法找到好點子嗎？那就「換個地方」吧

在原地無法找到好點子嗎？試著換個地方，無論是身體上的移動、心理上的轉換，還是兩者兼具。

最簡單的方式是改變所在的位置。與其坐在那裡咬牙切齒地盯著螢幕，不如拿起筆和紙，換個地方走走看看。不同的景象、聲音、感覺和氣味，往往會激發不同的想法。這個新地點可以是你家中的某個房間、辦公室的休息區、咖啡館、公園或任何地方。

另一種方法是給大腦注入新鮮的刺激。畢竟，長時間面對同一份brief，很容易在腦海中反覆琢磨同樣的想法，越想越卡住。此時，可以嘗試閱讀、觀看或聆聽完全不同的內容來打破僵局。例如，如果你在為果汁撰寫文案，可以去讀些科幻小說；若是在銷售瑜伽課程，不妨聽些重金屬搖滾樂。當你重新回到brief時，你可能會發現一些新的想法等待著你。

不同的環境，能激發不同的靈感
照片來源：ENGIN AKYURT AT PIXABAY。

寫了就別停，邊寫邊改是大忌

　　如果你感到靈感枯竭、毫無進展，自由寫作是有用的技巧。這是一種個人腦力激盪的過程。

　　做法很簡單：設定一段固定時間，例如3分鐘，然後不停地書寫或打字。你可以寫關於產品的內容，或者寫你嘗試描述產品的經歷，甚至只是腦中閃過的想法。寫出什麼東西並不重要，一直寫就是了。

　　自由寫作可以幫助消除心理障礙，讓潛意識的想法浮現出

來。它能避免你陷入不斷修改或追求完美的陷阱，幫助你專注於寫作和創造。有些作家每天早上都會進行自由寫作，作為當天創作的「熱身運動」。

寫不出來？去睡覺吧

你是否曾設法想起某位演員的名字或一首歌名，但怎麼都記不起來，後來在做其他事情時，那個名字突然浮現腦海？

潛意識可以幫助你解決很多問題，但它有自己的運作方式和節奏。

這也反映出一些技巧的局限，例如腦力激盪。雖然團隊合作和隨機聯想能提供有趣的新視角，但你仍在壓力下費勁挖掘創意，面對時間和同儕的雙重壓迫。

喚醒潛意識最簡單的方法就是睡覺。將問題帶入夢鄉，看看第二天早晨會有什麼新點子冒出來。在床邊準備筆和紙，以便隨時記錄靈感的閃現。

由於身體和大腦是一體的兩個部分，因此活動身體也能對思考有所助益。去散步、跑步、游泳或任何你喜歡的運動。如果你喜歡冥想，那就去冥想。不同的身體動作，通常能激發出不一樣的想法。

想不出好點子？不如先擠出「爛點子」

俗話說：「失敗的盡頭就是成功。」請記住，好的想法是存在的，只是有時需要先淘汰那些不理想的點子，才能找到它們。你在紙上寫下的想法越多，這個過程就會越快。

為了完全卸下壓力，你甚至可以專注於產出**爛點子**。把腦中想到的最糟糕方法全部寫下來，這麼做的目的是為了清除它們。你可能會對產生的效果感到驚訝。

正如愛迪生所言：「我沒有失敗，只是發現了一萬種不可行的方式。」

善用「對」與「不行」，呵護脆弱的好點子

想法是脆弱的，剛誕生時需要細心呵護。如果靈感在生根發芽之前就遭受打擊，它們很容易被摧毀。

而要孕育、壯大點子，有一個妙招是「對，而且⋯⋯」基本上，你只能「接受」別人所提出的觀點，並用「而且⋯⋯」來延伸內容。在這種模式下，禁止質疑或否定想法，因此能夠收集到各種點子，並盡可能深入地探索。

喜劇演員在即興創作時會使用「對，而且⋯⋯」來推進他們的表演情節。這個技巧也用於創意腦力激盪和商務會議，鼓勵人們協作和分享想法。

當你與其他人一起工作時,「對,而且……」顯然是很有用的方法。而它也可以用來對抗內心的自我批評,尤其是你習慣質疑自己時。「對,而且……」能暫時壓制你的懷疑,為點子提供時間和空間,使你有機會深入思考並挖掘它的真正價值。

扼殺一個點子最快的方法,就是說「不行」。然而,頂尖創意人吉迪恩・阿米凱(Gideon Amichay)指出,並不是每個「不行」都是一樣的情況。有時,「不行」其實是「不行,(因為)……」比如「不行,我們沒有預算」,或者「不行,時間來不及了」,或者「不行,試試看別的方式」。這樣的「不行」可以激勵我們更加努力,或探索新的方向。「抵抗是一件好事,」吉迪恩說,「在創新、高科技、藝術等領域,抵抗往往是一種推動力……『不行』其實是『對』的開始。」[1]

你可能會從客戶、客戶經理、創意總監,或一起合作的同事那裡聽到「不行」。又或者,這聲音來自你的內心。如果是這樣,不妨深入探究否定的原因:為什麼這個想法是錯的?為什麼行不通?需要做哪些調整才能變得可行?還需要哪些改變,才能取得成功?(第15章將進一步探討,如何有效處理客戶的修改意見。)

Chapter 10

讓你的文案,有滿滿的情緒價值

你將心比心,設身處地為讀者著想,
將讀者帶入文案之中,讓他們更有參與感。

好文案,都有濃濃的「對話感」

　　數位行銷人員在談論「互動」(engagement)時,往往指的是讓人們在網路上執行某些動作,例如按讚或分享社群媒體內容。但我想談的「互動」,涵蓋的範疇更廣泛。

　　如果你寫的文案很引人入勝,就代表你製造了與讀者的對話感。你以平等的身分與他們交談,就像正常的對話,介紹他們可能感興趣的事物。你使用他們熟悉的語言,但不帶居高臨下的態度。你尊重他們的智慧,體諒到他們可能很忙、無聊或疲倦,你也記得他們未必主動要求你提供訊息。基本上,你將心比心,設身處地為讀者著想。

讓每一句文案，都像在對「你」說

行銷是「一對多」的溝通形式，你的文案會被很多人閱讀（至少我們希望如此）。但是，把你的讀者視為個體，而非群體，不失為很好的寫作方式。一些最優秀的文案就像作者和讀者之間的對話。另一方面，一些最糟糕的文案給人單向溝通、沒有人情味的感覺，就像經理寫給員工的備忘錄一樣。

看看以下這段宣傳健身房會員的文案：

> Flex健身房的會員可使用各種設備，包括跑步機、踏步機和自由重量器材。定期上健身房可以帶來許多健康益處，包括改善體質和減輕體重，通常幾週內即可見效。

這段文案雖然表達了重點，但有點乏味。現在，讓我們用另一種方式表達相同的內容：

> 當你加入我們的健身房後，你就能使用所有設備，從跑步機、踏步機到自由重量器材。定期光臨我們的健身房，你可以在短短幾週內變得更健美、更苗條、更健康。

這兩個版本的字面意思完全相同，但第二個版本直接與讀者對話，使用了三次「你」，而第一個版本完全沒有使用「你」。

第二個版本也使用了「我們的」，建立了健身房和讀者之間的關係，並描繪出讀者未來的寫照（「加入我們的健身房」、「定期光臨」、「變得更健美、更苗條、更健康」）。

直接與讀者對話，是讓文案吸引人的最簡單、卻也最有效的方法之一。你不是以中立的語調談論「遠處」的某件事情，而是直接與讀者一對一交談。這會將讀者帶入文案之中，讓他們更有參與感，就好像你們真的在對話一樣。

大多數讀者在閱讀你的文案時都是獨自一人，因此請將他們視為個體來交流，而非群體的一部分。即使你的目標人群是特定族群，也不要用「嘿，釣客們！」或「呼叫所有音響迷！」這類表達會破壞一對一交流的感覺。

小心！別只顧著迎合客戶

在修改文案時，很容易從與讀者交流，變成只為客戶（或為客戶工作的廣告代理商的創意總監、客戶經理）撰寫文案。畢竟，文案是他們委託的，他們是第一個閱讀文案的人，也有權批准或拒絕文案。顯然，你希望文案成功，也期望未來從客戶那裡接到更多的案子，自然會考慮他們的喜好。問題是，客戶個人的偏好不一定適合專案的需求。

如果你發現自己心裡在想「這可能是客戶／主管喜歡的」，而不是「這是否能引起讀者的共鳴」，那就是危險的訊號。此

時,應重新專注於讀者和他們需要聽到的內容。與其試圖用文案內容來取悅客戶,不如用文案背後的想法來打動他們。比方說,你可以在文案中添加注解來解釋你的想法,或者另附一份評論,闡述你的策略。即使這些內容不交給客戶,也能幫助你日後證明你的決定是有道理的。

想一想,讀者可能會有什麼反應?

如果你能預測讀者對文案的反應,甚至可以設法回應他們。比方說,以下的飲料廣告巧妙運用了讀者對產品的陌生感:

庫柏格水果啤酒。

對,是啤酒。

而在更長的文案中,你可以用這個技巧,來構想出與讀者的對話,當他們在心中提出疑問和反對意見時,文案便可以回應他們。當然,你無法**準確**知道讀者的想法,但可以追問「所以,這有什麼用?」來挑戰自己寫下的內容,再推測讀者可能的反應(如第2章所提到的)。以下是範例:

文案	讀者的想法
重量更輕，價格更低。（配上筆記型電腦的圖片。）	不錯的賣點。我一直想買一台筆記型電腦，繼續看看吧。
TopLap 3000 是你能買到的最薄的筆記型電腦。	那又怎樣？
它的大小和重量像雜誌一樣輕薄，真的可以隨身攜帶。	好吧，但品質如何？
配備 *Octium III* 處理器和 8GB 記憶體，充足的電力能滿足工作或遊戲的需要，電池續航力長達 10 小時。	高規格，聽起來會很貴。
價格只要 499 英鎊起，擁有 *TopLap* 從未如此簡單。	說真的，沒試用過我可不會買。
請隨時蒞臨 *Laptops-R-Us* 體驗一下。	也許我會去試試……

正如範例所示，這個技巧可以幫助你理清文案的架構和流暢度。從讀者當前的情況出發，確定你希望他們最終達到的目標，然後根據他們的預期反應，設計中間的步驟。

讓產品說話，讓口吻更自然

如果讀者是「你」，那麼公司或品牌應該自稱「我們」。對於某些品牌和專案來說，這樣的口吻更自然，但不見得適用所有店家產業。不過，這仍應該是你優先嘗試的方式。否則，像上述

*Flex*健身房的第一個例子中那樣，品牌以第三人稱談論自己，容易讓人感到困惑。日常對話中，人們很少這麼表達，即使有，也顯得奇怪，因此品牌在文案中也應避免這樣的表述。

下一步，是讓產品本身與讀者對話。例如，英國長途巴士公司National Express的車尾標語：

> 如果你提前預訂，我一向會更便宜。

這句話非常有力。若不使用「我」，你可能需要改成「這輛客運」或「乘坐這輛客運旅行」，如此語氣也顯得較弱，甚至需要完全重寫。另一方面，這句話也很好記，還能在乘客購票前，建立起與巴士之間的情感聯繫。

以下是另一輛會「說話」的車，慈善組織救世軍貨車上的標語：

用希望填滿我吧

> 你每捐出一袋物品，就幫助我們把希望帶給最需要的人。謝謝！

這句話利用文字遊戲，將貨車擬人化為團隊的一員，使訊息更具吸引力。有些人可能覺得讓物體「說話」有些不自然，但這只是個人喜好的問題。

「如果看起來像在寫文章，我就會重寫」

若文案是一場對話，那麼它應該聽起來像真實的人在說話。然而，有時人們會運用刻意的寫作風格，因為他們覺得那是文案**應該**有的語氣。他們明白自己想表達什麼，如果用口頭表達，可以輕鬆說清楚。不過，一旦坐在鍵盤前，就會變得「文謅謅」——過於正式、華麗且複雜。許多人誤以為要用官方、正式的文字寫法，才能顯得有權威。但如果文案的內容，是要讀者採取行動，這麼做只會每況愈下。

以下是我在當地咖啡館看到的例子：

注意事項

　　我們懇請顧客切勿將尿布和衛生棉棄置於馬桶內，敬請將衛生用品丟入我們設置的垃圾桶中。
　　謝謝。

但他們真正想說的是：

請不要將尿布或衛生棉丟進馬桶

不要將垃圾丟進馬桶，請丟入垃圾桶。
謝謝。

諷刺的是，文謅謅的文章有時可以更快完成。這可能是因為作者更常關注自己的問題，所以從自己的角度寫作相對容易；而真正專注於讀者則需要更多的心力。或者，也許是因為我們已經習慣了在印刷品中看到這樣的語氣，因此在下筆時，自然而然就採用了類似的風格。不論原因如何，如果你的初稿顯得有點文謅謅，你可能要回頭修改，讓文案更自然、口語化。正如小說家愛爾默‧李納德（Elmore Leonard）所說的：「如果看起來像在寫文章，我就會重寫。」

「寫得像在說話」通常指的是使用更簡短、直接的單字和句子。而不用完整的句子、改用短語也是可以的。基本上，如果你大聲朗讀文案，應該感覺自然流暢，就像日常對話一樣。要是讀起來結結巴巴或有點拗口，那就需要重新措辭。

文案大師約翰‧肯尼迪（John E. Kennedy）曾將廣告定義為「紙上的推銷術」。因此，可以的話，去跟銷售人員或助理人員聊天，因為他們實際與客戶打交道，往往知道如何用最有效的方式描述產品、服務和利益，而這些描述方式卻可能從未出現在公司的行銷素材中，更沒有記錄下來。為了發掘這些寶貴的溝通技巧，可以嘗試角色扮演。比如，讓銷售人員假設一個場景：「想像我是剛打電話到你辦公室的潛在客戶，你會如何向我介紹這項服務？」

你怎麼聊天,就怎麼寫文案

美國傳奇廣告業名人費爾法克斯・科恩(Fairfax Cone)曾經問其他文案寫手:「你會這樣對你認識的人說話嗎?」

如果你覺得自己的文案有點文謅謅,這是很好的測試方法。對每一個句子,都問問自己:「我會對真人大聲說出這句話嗎?」或者,試著大聲念出你寫的內容,聽聽感覺如何。如果有人用這種方式對你說話,你會怎麼想?你會有什麼感受?

第3章提到,打造人物誌可以幫助你了解讀者。當然,你可以按照人物誌裡面的資料,來撰寫文案。但唯一的問題是,那畢竟是虛擬的形象,並不存在於現實中,所以終究只是假設性的練習。不如試著為你認識的真人寫文案。挑選可能購買該產品的人,如你的伴侶、父母、兄弟姊妹、摯友,或長期合作的同事,試著說服他們嘗試這個產品。

正如前言提到的,讀者並不會屏息期待你的文案。他們可能忙於工作,或享受生活。為了讓情境更加真實,不妨想像你正在與現實生活中的某個人交談,而這場對話的情境與產品毫無關聯。例如,假設你正在與好友打撞球,或者準備一起外出,你想讓他們對保險感興趣。你會怎麼說?

你不想浪費他們的時間,所以你的文案要簡單明瞭。你也不想讓場面變得尷尬,因此不會說無聊的笑話,或者用過於華麗且不自然的詞彙。你只須告訴他們需要了解的內容,回答他們可能

的疑問,並盡可能有力地闡述你的觀點。雖然這也許無法完全涵蓋你的文案需求,但一定是個不錯的開始。

讓文案直白又有關鍵字,搜尋引擎也會愛上它

為了使你與讀者的對話流暢,請使用他們熟悉的詞彙。

配合讀者的語言顯然能幫助他們更好地理解你的意思,也傳遞出**你對他們**的理解。這表示你喜歡他們、尊重他們,彼此平起平坐,對這次溝通充滿誠意,並希望談話能順利進行。

相反,如果你使用晦澀難懂、過於正式或專業的詞彙,讀者就很難理解你的意思。這種語氣容易讓人覺得你居高臨下,而且沒有很喜歡他們。這表示你並不在乎他們的想法,還需要對方自行理解你的意思。此外,你也可能讓那些閱讀能力較弱的人無法接觸到你的訊息。即使他們願意理解,也可能因為障礙而放棄。

最近,我在排隊使用自動提款機時,一位女士轉身問我螢幕上的訊息是什麼意思:

請輸入所需金額,以10英鎊的倍數為單位。

很明顯,像「金額」、「所需」和「倍數」這樣的詞彙,對她來說並不容易理解。這也不足為奇,這則螢幕訊息相當於12歲孩童的閱讀能力程度,而英國成人平均的閱讀能力僅為9歲左

右。[1] 大約四分之一的英國成年人無法通過英國會考課程（GCSE）的英語測驗。[2] 可想而知，他們閱讀這類文字時會感到困難——更不用說非母語人士、有學習障礙或患有失智症的人了。

既然提款機是為大眾服務的，那麼它所使用的語言應該盡可能地清晰易懂。以下是一個更好的版本：

輸入你想要多少錢，這台機器只有10英鎊和20英鎊的鈔票。

是的，這句話聽起來有些笨拙，語感就像馬鈴薯掉到地板上的聲音一樣。但它簡單直白，連小孩都能輕鬆理解，因為這段文

措辭不佳，或者更確切地說，
使用錯誤的字眼，會造成讀者障礙

字的閱讀難度相當於7歲水準。當你需要確保讀者能理解，又無法確定他們的閱讀能力時，這就是正確的方法。

有時候，公司想讓產品聽起來比實際更厲害。因此，他們不說自己提供「鍋爐維修」，而是稱之為「暖氣解決方案」。然而，這樣的措辭不僅無法讓客戶刮目相看，反而會讓他們懷疑：這些人真的能修好我的鍋爐嗎？

在網路搜尋產品時，這個問題尤其重要。如果人們搜尋的關鍵字是「砍樹」，你還會希望你的網站上只寫著「園藝和景觀解決方案」嗎？而「搜尋引擎行銷」給企業提供了明顯的選擇：使用客戶在Google上輸入的字詞，否則網站流量就會輸給競爭對手。

幸運的是，找出人們在搜尋什麼並不困難。Google搜尋趨勢（trends.google.com）可讓你追蹤不同字詞在一段時間內的流行程度，並提供替代建議。

例如，在撰寫本文時，過去12個月中，「鍋爐維修」的搜尋率為67%，而「暖氣解決方案」僅為29%。但最熱門的詞彙是「瓦斯鍋爐維修」，搜尋率達到100%。這表示，即使你的服務內容明確針對瓦斯鍋爐，在有關鍋爐維修的線上文案中，仍應特別提及「瓦斯」這個詞。

另一個有用的工具，是Answerthepublic（answerthepublic.com），它使用Google自動完成（Google AutoComplete）的資料，為你提供與關鍵字或詞組相關的問題、語句和比較。這能幫

助你了解人們傾向於用什麼語言描述你的產品,並建議你如何回應他們最常問的問題。

有了這些數據驅動的工具,你可以更輕鬆地使用讀者的語言,並以有力的理由支持你的文案。即便你堅信某個詞組是正確的,但如果客戶有不同看法,那就只是一場意見之爭。然而,有了數據支持,你就能更有說服力地贏得讀者的共鳴。

從讀者的處境出發,讓他們在文案中找到自己

還記得前言提到的橋嗎?你站在一邊,而讀者站在另一邊。你的任務就是讓他們走過橋來到你這邊。那麼,你會怎麼做?

你可以待在原地,對他們大喊這邊有多好。或者,你也可以走過去,了解他們的情況並聊一聊,**然後**指出幾個吸引他們走過來的理由。

如果你選擇後者,讀者就會知道你了解他們的情況,而你也對自己的立場有清楚的認識。這樣,你甚至不必大聲喊叫。

要從讀者的角度看事情,其中一種方法是將產品的利益與他們的情況連結起來。例如:

沒有干擾的居家辦公室

WorkPod 是可以設置在花園裡的獨立辦公間。因此,即使家裡有大大小小的瑣事,你也總能找到安靜的地方,可

以躲在那裡不受干擾地工作。

目前這樣的寫法已經不錯，但如果我們從讀者的處境出發，直接走到橋的另一邊，**接著**提及產品的利益呢？

如果你連自己的想法都聽不到，怎麼能工作？

孩子在尖叫，電視聲音震耳欲聾，電話響個不停。難道你不希望家中有一個安靜舒適的辦公室，但又不在「屋內」？

這樣的文案從讀者想要改變的現狀出發，而不是以我們想傳遞的訊息為起點。這種方式更有可能一開始就吸引讀者，因為文案展現出同理心，並為接下來的說服鋪平了道路。最重要的是，這還提供了現成的標題和開場白。

抽象的文字千篇一律，具體的表達百裡挑一

先看看這個表達不佳的例子（這是虛構的，但很有代表性）：

可以透過 DBD 線上入口網站提交申請書。由於不會有進一步的書信往來，提醒申請人在開始申請程序之前，確保

所提供的資料完全正確完整。

這段內容晦澀難懂的主要原因，是文字過於抽象，過分關注**概念**，而忽略了**事物**。文字和現實之間的距離太遠，讓讀者難以理解。

現在，用更具體的語言，來表達同樣的內容：

> 你可以在我們的網站上申請。但我們無法回覆任何信件或電子郵件，因此在開始之前，請務必確認你已提供我們所有需要的東西，並且確保內容沒有任何錯誤。

改寫後的版本更加直接，具體提到了真實的物品和實際會發生的事情，並寫出更多讀者能從日常生活中認出來的具體事物和畫面。例如，用「信件和電子郵件」取代了「書信往來」。「申請人」改成了「你」。由於讀者無須解讀任何抽象語言，他們能迅速明白自己需要做什麼。

有時，人們會迴避具體的語言，認為這樣不夠正式或缺乏商業感，他們可能覺得這種表述聽起來太像童話繪本。然而，過於抽象、過度官方的語氣，恐怕會讓你付出高昂的代價，尤其是當文案的目標讀者包括非母語人士時。如果不知如何拿捏，用具體的表達方式就對了。

多用動詞，讓訊息直達人心

上面DBD網站的第二個例子，也使用了更多的動詞和更少的名詞。第一個版本充斥著將動作名詞化的詞彙，例如「申請書」、「書信往來」、「資料」和「申請程序」。在第二個版本中，這些名詞被改寫成動詞：「申請」、「回覆」、「提供」和「開始」。這使得文字表達更簡單、清晰和簡短。

動詞更為具體，因為它們描述的是實際發生的行為，而不是給行為貼上標籤。比方說，如果請你想像吃蘋果，或穿過森林，這些畫面會自然浮現。事實上，你甚至很難**不**去想像它們。但要是請你想像的是，吃新鮮水果的情景，或是徜徉在叢林中的場景呢？雖然意思相似，但描述更模糊，你的腦海中未必能清楚浮現那麼清晰的畫面。

有時，如果人們懶得描述具體的情境，或是發生在誰身上，就會用名詞化的詞組，來避開這點。或者，他們可能只是習慣使用日常工作中的術語，如處理「申請書」、「書信」和「申請人」等等。然而，正如我們所見，文案需要「向外」面向讀者，而非「向內」只顧作者的關注點。

文案，要少用被動語態

通常，句子的主詞是執行某個動作的人或事物，而受詞是這

個動作影響的對象。在「我打開門」這句話中，主詞是「我」，受詞是「門」，動詞是「打開」。

被動語態是指主詞受到動詞的影響，且行為的執行者不明確。例如，「門被打開了」這句話，說明了發生的事情（被打開了），以及事情發生在什麼上面（門），但不知道是誰打開的。

而使用主動語態時，可以清楚表達誰執行了什麼動作。比方說，讀者（「你」）需要負責申請和記住一些事項，而機構（「我們」）則不會回覆信件。

雖然主動語態幾乎總是更好，但被動語態也有其用途。當你想描述某件事情，但又不直接說明是誰的責任時，被動語態就很有用。例如，與其大喊：「你又沒關烤箱了！」不如委婉地說：「烤箱又沒關了。」此外，當你需要寫信給客戶，委婉指出他們犯了錯誤或遺漏了某事時，被動語態可能會更好用。

一個關鍵問題，讓文案「化虛為實」

當你的目標是給讀者留下深刻印象時，很容易使用一些聽起來很厲害的詞彙，例如「強大」、「創新」、「全面」等等，但它們也帶來了與抽象語言相同的問題：文字與實際情況之間的距離過大。雖然它們看似強而有力，但遺憾的是也顯得相當空洞。你需要給讀者一些證據，讓他們能清楚地了解你的承諾，以及你與競爭對手之間的差異。

要深入了解細節，一個簡單方法是問自己：「是怎樣的？」無論你打算使用多麼厲害的詞彙，只要追問：「它是**怎樣的**……」這通常會為你找到更具體的內容，讓文案效果更好。

以下是一些例子：

非具體說詞	提問……	具體說詞
我們的自由工作者媒合服務非常創新。	它是如何創新的？	這是第一個能讓你直接與專案負責人即時溝通的平台。
我們提供優質的客戶服務。	它是怎樣的優質？	我們會在 24 小時內回覆每一封客戶的電子郵件。
Loobrite 是極有效的馬桶清潔劑。	它是怎樣有效的？	它可以殺死 99.9% 的細菌。
我們創造了一個功能強大的線上新平台，用於管理多個專案。	它是怎樣功能強大的？	你可以同時管理最多 20 個專案，每個專案能加入 10 位團隊成員。

如果你談論的是可量化的事物，可以提供具體且精確的數據。這展現了自信，因為它顯示你不需要修辭技巧來誇耀自己。以下是來自群眾募資出版平台 Unbound 的線上文案，這些數據本身清楚地傳遞了訊息：

> 全球已有超過 134,079 人支持 Unbound 專案，幫助實現創意構想。到目前為止，我們已經出版了 280 本書，這些

作品的成功付梓，全賴於Unbound社群的支持。

使用數字時，這些數字需要有吸引力——「吸引力」的定義則視上下文而定。如果Unbound只出版了9本書，那會顯得不夠有說服力；但若他們出版了上千本書，則可能讓作者覺得門檻過低。而「280本書」這樣的數字，顯示了Unbound豐富的經驗和對品質的承諾。

具體內容就是細節。因此，你可能會認為細節應該藏在文案深處，而不是出現在標題或開頭。但如果這些細節能表達重要的利益，放在前面也能取得極佳效果。這就是記者所謂的「不要賣關子」。

倫敦城市大學（London Metropolitan University）的這份文案針對潛在學生，提到他們最關心的問題之一：

雇主喜歡我們

我們95%的畢業生在6個月內找到工作或繼續深造。

這段文案來自於線上廣告（見下頁圖片）。所以當讀者看到這則廣告時，可能正在想別的事情，甚至對這所大學一無所知。但如果他們在選擇大學，並稍微考慮過未來發展，那麼這幾乎保證職業前景的數據，必然能吸引他們的目光。

用具體且有力的主張開場,快速抓住讀者的注意力

經倫敦城市大學授權轉載。

打開五感,寫出讓讀者身臨其境的文案

第2章提到,真正能促使銷售的是使用產品的體驗,而不是產品本身——就像人們喜歡的是「嘶嘶作響的聲音」,而非「香腸」本身。因此,你的文案可以將這種體驗生動呈現,讓讀者對產品產生渴望。

文學評論家維克多・什克洛夫斯基(Viktor Shklovsky)曾說:「藝術的存在是為了讓人重新感受生活;它的作用是讓人感知事物,使石頭顯出石頭的質感。」[3] 他認為,最強大的藝術是透過「陌生化」的方式,使日常事物重新變得新穎有趣,讓人用新的眼光看待它們。文案也可以使用感官語言來達成類似的效果:生動地描繪產品使用過程中的視覺、聽覺、嗅覺、味覺和觸

覺。

　　感官體驗會直接進入我們的記憶，這些記憶通常能激發強烈的情緒。因此，感官語言可以喚起讀者對使用產品的**感受**，甚至讓他們預先體驗實際使用的過程。

　　行銷人員有時會談到「關鍵時刻」（moments of truth）。第一個關鍵時刻是人們第一次接觸產品，並決定是否購買的瞬間；第二個關鍵時刻是他們實際使用產品，並形成對產品的看法；第三個關鍵時刻是他們決定是否再次購買，或推薦給其他人。

　　感官語言在心理上將讀者從第一個關鍵時刻引導到第二個關鍵時刻。他們不只是在閱讀產品的事實或被告知其利益，而是在腦海中「預先體驗」產品，想像產品如何融入自己的生活。

　　最重要的是，這種預先體驗能讓讀者想像自己**已經決定購買**。只要他們停留在那個未來的時刻，實際購買就成了定局。這種方式有助於他們習慣實際購買的想法。

　　感官語言應用得極為成功的範例，就是食物文案，如餐廳菜單上的描述。這類文案往往用豐富的細節描繪味道與口感，讓你在腦海中「品嘗」每一道菜。在你決定要吃什麼時，你的大腦已經「試吃」過整份菜單了。

烤馬鈴薯皮

　　酥脆的烤馬鈴薯皮，爆漿餡料可選多汁的炒蘑菇佐白

酒,或是鮮嫩的羊肉末拌松子。

透過豐富的感官描述,來讓食物聽起來更誘人,是很常見的方法。但其實,每種產品的體驗都有感性的一面,而這正是你可以展現的地方。以下是英國連鎖健身俱樂部大衛洛伊德俱樂部（David Lloyd Club）在2016年推出的一則電視廣告文案:[4]

> 把手機放入儲物櫃,把鑰匙放進儲物櫃,把工作、塞車,還有**所有煩惱**放進儲物櫃。別磨磨蹭蹭了。你有一顆心——好好利用它吧。你有五感——讓它們全都甦醒。在這裡,你不只是一串數字。當一天結束後,躺在沙發上時,你會知道,今天過得很充實。

這段旁白配上人們運動的畫面,讓原本被認為是苦差事的健身看起來非常愉快。在情感方面,把「所有煩惱」放進儲物櫃的畫面是優雅的隱喻,象徵拋開日常的煩惱和壓力（見第8章的「好文案,懂隱喻」）。

另一個絕佳範例,來自First Direct網路銀行:

> 未來的你,正在享受新車的味道。

車貸這個產品相當無聊,但透過聚焦於享受新車的味道上,

這則文案將枯燥乏味的東西變成了快樂的承諾。這個令人驚嘆的「未來的你」概念，明確地將讀者帶入未來，跳過購買和付款的過程，讓讀者進入第一次坐在新車中所帶來的感官享受。

有時，這可能是讀者從未有過的體驗，所以你需要讓他們安心，知道這個過程會很有趣、安全、簡單，或者至少不會令人害怕。以汽水品牌 Dr Pepper® 的小眾定位為例，它的口號就是抓住了這一點：

最糟的狀況會是什麼？

或者，你希望讀者重新發現或重新評估那些傳統、熟悉的東西，例如家樂氏玉米片帶來的美味體驗：

你是否忘了它們有多好吃？

或是，產品能避免、或至少能改善的糟糕經驗。以下是來自 First Direct 網路銀行的例子：

半夜水管爆裂險

這段文案將讀者帶到他們絕對**不希望**經歷的場景中。但如果這種情況真的發生，他們會非常感激任何能提供的援助。

B2B文案同樣可以運用感官語言。然而，B2B服務往往在時間或空間上更加分散，這使得將其總結為單一的生動體驗變得更加困難。因此，有時最好讓讀者對購買和使用的整個過程，做好心理準備。

　　就像運動員在比賽前，會想像自己獲勝的場景一樣。一旦我們在心裡經歷過某件事，即使只是在想像中，它也會變得更加熟悉。當我們真的遇到類似情境時，會覺得它的威脅性降低，因為我們感覺自己「已經經歷過」。

　　以下是鼓勵讀者預先體驗B2B服務的文案：

> 從第一次致電我們開始，你就會感受到我們傾聽你的需求，並能根據需求調整服務。在整個設定過程中，我們的支援團隊會在現場協助你的團隊成員掌握我們的軟體。一旦軟體啟用後，你可以隨時透過電話或電子郵件聯繫我們，獲得無限次的客戶支援。

　　雖然這段文案中沒有過多感官描述，但傳遞的概念是一樣的。讀者看完這段敘述後，他們可以「看見」未來的步驟，並想像每一步的情景。這樣一來，提出詢價不再是莽撞舉動。在情感方面，「感受」、「傾聽」、「需求」和「協助」等字眼讓他們感到安心。這不是冷冰冰的公司交易，而是人與人之間的互動關係。

負面事,正面說

大腦很難集中在否定句上。如果我說「不要想大象」,你會馬上想到大象。那是因為即使語句告訴你**不要**,你仍會不由自主地捕捉其中的意象。具體的文字如此強大,以至於它能超越語法的限制。

這種心理過程對個人決策有著深遠的影響。比方說,許多吸菸者出於健康或金錢因素,想要戒菸。但如果目標是「戒菸」,他們的注意力往往集中在試圖避免的行為。然而,抱著這樣的心理,是很難達成戒菸目標的。一旦吸菸者將注意力轉向省錢、變得更健康或更有吸引力時,戒菸的過程就會變得更容易。

正因為如此,你通常會想要用正面的語言表達你的想法,而非負面表述。也就是說,重點應放在你**希望**人們去做、去想或去感受的事情,而不是他們應該避免的事。以下是一些例子:

不要寫……	改成……
減肥	變得苗條
減少浪費	更有效利用資源
減少工作量	享受更多空閒時間
我們不會半途而廢	我們全程支援你
別等待	立即行動
削減成本	省錢
減少複雜度	簡化

那麼，雙重否定的句子呢？它們會負負得正嗎？答案是不一定。以下是葡萄酒零售商 Majestic Wine 在信封上的標題：

永遠不用為你不喜歡的葡萄酒付費的四種方法

這段文字的雙重否定（「永遠不用」、「不喜歡」）讓句子變得像一道數學題，讀者需要花時間解讀其意思。雖然「不用付費」這一點向來很有吸引力，這可能是這句標語背後的設計原因，但「付費」這個詞即使是在否定的語境下，仍難免會讓人聯想到花錢。因此，也許這樣說會更為清晰：

只為你喜愛的葡萄酒付費的四種方式

儘管如此，有時**確實**需要強調否定。正如第6章提到的，如果產品是為了解決某個問題，那麼在提出解決方案之前，可能需要先「指出問題」。以下是廚具生活雜貨店萊克蘭（Lakeland）在目錄中對一台煲湯機的描述，恰巧就採取了這種方式：

簡單一步就能煲湯

無須平底鍋、爐具，也省去麻煩。

這段文字在標題中達到了理想的平衡，展現具體正面的利益（方便性），然後列出產品所擺脫的不方便，進一步突顯了這個利益。在這種情況下，將標題完全轉化為正面描述並不容易，因為「平底鍋」和「爐具」並沒有直接的正面對應物——在煲湯機的使用場景中，它們只是單純地消失了。

有時，文案該多加點「行話」跟「老哏」？

從本章目前的內容來看，你可能不會想到我會建議使用專業術語或老哏。畢竟，枯燥的商業用語和老套說法永遠無法吸引讀者，對吧？

事實上，這得看情況。

我們先來討論專業術語。有時，撰稿人試圖用晦澀的語言來迷惑讀者，或用流行的詞語讓讀者留下深刻的印象。顯然，這樣的文案很難打動人心。

然而，並非所有專業術語都一無是處。有些專業術語其實是特定領域的行話，是特定人群使用的字眼和詞組。如果你使用這些術語，可能會吸引與你類似的人，同時篩選掉不相關的受眾，而這可能正是你的目標。主機商TransIP的這則線上廣告，將這種方法發揮到了極致：

刀鋒虛擬伺服器，純固態硬碟（Blade VPS. Pure SSD）

\<ul\>

\<li\> 99.99％正常運轉時間 \</li\>

\<li\> KVM \</li\>

\<li\> 100 Gb／s 秒網路 \</li\>

\</ul\>

　　這些內容到底是什麼意思？我完全不知道。但這並不重要，因為這則廣告的目標讀者不是我。這些極其專業的縮寫和HTML標籤，清楚地表明這則廣告是給網路宅男看的。（順帶一提，這也是一個不需要將功能轉化為利益的例子，因為目標讀者非常樂於自行解讀。）

TransIP 使用科技愛好者的語言，來吸引和娛樂目標讀者
經 TRANSIP 授權轉載。

其他方法包括用表情符號吸引年輕讀者、用文學典故吸引書迷，或用專業術語吸引特定愛好者。對於這類文案，媒介就是訊息。你不僅僅是在告訴讀者，而是向他們**表明**你真正了解他們，你在用他們的語言交流。

然而，使用行話時要謹慎：你必須用對。在使用那些很專業的術語時，一旦出現小錯誤，讀者會立即察覺你不懂這個領域，這反而會讓情況更糟。有鑑於此，建議請具備相關知識的客戶檢查你的文案，確保內容正確無誤，避免踩雷。

至於老哏呢？你真的應該像躲避瘟疫一樣遠離它們嗎？

老哏指的是一些因過度使用而失去影響力的詞語，通常是隱喻。例如，喬治‧歐威爾在他著名的文章〈政治與英語〉（Politics and the English Language）中，提醒記者永遠不要使用那些「你在印刷品中習以為常的隱喻、明喻或其他修辭手法」。[5] 他知道，過於熟悉的詞語會讓人厭倦。如果人們不思考他們讀到的文字，他們可能也不會思索這些詞彙背後的想法。創新思維需要新穎的語言來表達。

歐威爾於1946年提出這些規則，但如果你今天翻開報紙，會發現記者似乎並未採納這些建議。你仍然會看到「重量級政治人物」、「紛表哀悼」、「無名英雄」、「壓倒性勝利」等常用詞語。為什麼？

答案是，雖然有些慣用的詞語確實已經過時且無用，但其他詞語仍然具有豐富的意義，值得保留。以下是你可能仍選擇使用

它們的五個原因：

首先，老哏可以展現特定的語氣風格。如果有主流記者將資深部長稱為「政治界的四分衛」或「西敏市相撲」，我們可能會懷疑他是一位菜鳥記者，甚至是非母語人士。雖然這些新奇的隱喻聽起來耳目一新，但聽起來不太對勁。熟練地運用行業術語能讓你看起來更專業，而文字是最重要的工具之一。（我們將在第12章進一步討論權威原則，並在第14章探討語氣。）

其次，老哏能快速有效地傳遞訊息。它們之所以受歡迎，首先是因為它們有效地表達了特定的想法。雖然作家有時使用它們是因懶於創新，但讀者本身也同樣很懶，或者多少都懶得去動腦筋。有時，老哏只是到達目的地最快、最直接的路線。

第三，眾所周知的詞句具有說服力，因為它們表達的是「每個人」都知道的事情。比方說，提到「酸葡萄」或「狼來了」，能讓人想起有教誨寓意的故事，或反映人類深層心理的共同現象，而且還是以簡潔明快的方式傳達。[6] 使用這些詞語，你可以為你的論點提供文化背景支持。當你喚起讀者也認同的民間智慧時，他們更容易接受你所說的內容。[7]（這是一種社會證明，我們將在第12章探討。）

舉例來說，如果你在撰寫防毒軟體的文案，可以用「預防勝於治療」，來體現重要的產品利益。或者，你可以說「吃一點你喜歡的東西，對你有好處」，來引誘讀者吃掉一塊綿密的蛋糕。老實說，改寫這些詞句，效果也不會多好。或至少可以說，你展

示出來的創意，跟失去的說服力相比，實在微不足道。

第四，既定的詞句比其他詞句更生動具體。在很容易流於抽象的語境中，任何你能觸摸或看到的東西，都有很大的幫助。

最後，老哏顧名思義就是大家都很熟悉，這也能讓讀者感到安心。熟悉的事物對我們來說更容易理解，所以我們覺得它們更安全或更可靠，或者它們描述的事情也很容易做到。心理學家稱之為「認知流暢度」（cognitive fluency）。[8] 因此，如果你想傳達安慰或讓人放心的語氣，你可能不想使用太多冒險的語言。

例如，億滋國際（Mondelēz International）旗下Dairylea起司醬的經典標語：

> 孩子會一直吃到天荒地老。（Kids will eat it till the cows come home，按：「till the cows come home」〔直到牛回家〕，這個諺語用來形容等很久、永遠、長時間。）

使用老掉牙的詞句確實讓這句話有點俗套，但如果讀者是心力有限的疲憊家長，那麼比起新奇迥異的標語（如以下例子中，Dairy Crest旗下Chedds那句出色、但古怪的標語），老套的話更能引起共鳴。

> 切滋是切達起司，切達起司是切滋。（Chedds be Cheddar. Cheddar be Chedds.）

讓我們把話說清楚。我並不是建議你在文案中刻意塞滿那些最平庸、容易猜到的陳腔濫調。我的意思是，在某些情況下，你可以選擇使用熟悉的詞句。如果老哏確實是吸引讀者的最佳方式，那就使用吧。

壞文案講道理，好文案說故事

講故事是文案寫手最強大的工具之一。儘管現在這種方法很流行，甚至有品牌設立「故事長」（chief storytelling officer）一職，但其實行銷人員早在數十年前就已經開始運用這一技巧了。這也並不令人意外，因為**講故事有很多好處**。

故事是我們理解世界的方式。自我們會講話以來就開始聽故事，因此故事會觸動我們內心最深的記憶和情緒。小時候，故事教我們了解世界如何運作，幫助我們為尚未經歷的事情做好準備。成年後，我們用故事來傳達記憶、問題和情緒，並描述我們與他人之間的關係。故事不光是像生活，故事本身**就是**生活。

故事具有魔力，能將我們帶到既陌生又熟悉的世界。認知心理學家基思・奧特利（Keith Oatley）發現，閱讀故事時，「我們會創造自己的虛構版本、自己的夢境、自己的演出」。[9] 在這個過程中，大腦啟用的區域與我們實際觀看或經歷事件時是相同的，藉此運用過往經驗在腦海中建構故事情節。

故事的力量無可比擬。一旦受到吸引，我們就會被牽著走，

屈服於講故事者的視角，接受他們看待世界的方式，至少在故事進行時如此。如果我們想知道事情的結局，就必須一路聽下去。

這一切意味著，故事不僅僅是另一種寫作技巧。閱讀故事時，我們所經歷的並不只是資訊的傳遞或利益的比較，而是完全不同的體驗。故事是獨一無二的。

講故事可以從很多方面幫助你撰寫文案。故事令人難忘，因此是個好方法，能告訴人們你希望他們記住的事情。故事以真實生活中的人、事和情感為主題，能為原本可能有點枯燥的訊息增添人情味。此外，我們的大腦「天生」會專注於故事，記住故事帶來的啟發，所以它們具有極大的說服力。

如果你在寫有關客戶的體驗，那麼文案自然可以採用故事的形式。例如，以下是一個由 Weldfix 提供的簡單範例：

焊接金屬門鉸鏈

這扇門鉸鏈因生鏽而損壞。我們已經對它進行焊接修復，現在可以正常使用了。如果你在倫敦有大門需要維修，請隨時聯繫我們。

這段內容雖然簡單，但仍具備案例分析的三個基本要素：問題、行動和解決方案。這種形式與許多著名的神話、小說、戲劇和電影中推動情節發展的「英雄之旅」相同。男主角或女主角接

受冒險的召喚，克服重重挑戰，最終以全新的自我返回家園。這一公式可以應用於幾乎任何產品或服務，用講故事的方式，來說明產品或服務如何解決問題、帶來改變，或客戶該如何使用產品或服務。

如果你在撰寫介紹公司的文章，也可以把公司的歷史寫成一個故事。或者，你可以講產品是如何創造或開發的。以下是我為英國保暖服飾品牌 Heat Holders® 撰寫的產品包裝文案：

Heat Holders 的故事

早在 2006 年，Heat Holders 的產品發明者大衛・道提（David Doughty）在觀看兒子打橄欖球時意識到，即使穿著所謂「保暖」的襪子，雙腳仍然冰冷僵硬。就在那一刻，他決定創造全新的保暖襪：一款溫暖至極的襪子，讓穿戴者感覺不到冬天的存在。

經過兩年的努力，獨特的 Heat Holders 襪子終於問世了。這款產品深受人們喜愛，也實至名歸地獲得了英國專利。自那時起，我們又陸續推出帽子、手套、緊身褲等產品，所有產品都秉持著相同的理念：為你保暖。

這個案例有幾個特點，可能也適用於你的文案。首先，它的重點放在人物、事件和情感上，而非公司、產品或特色。其次，

案例分析、顧客旅程、問題／解決方案

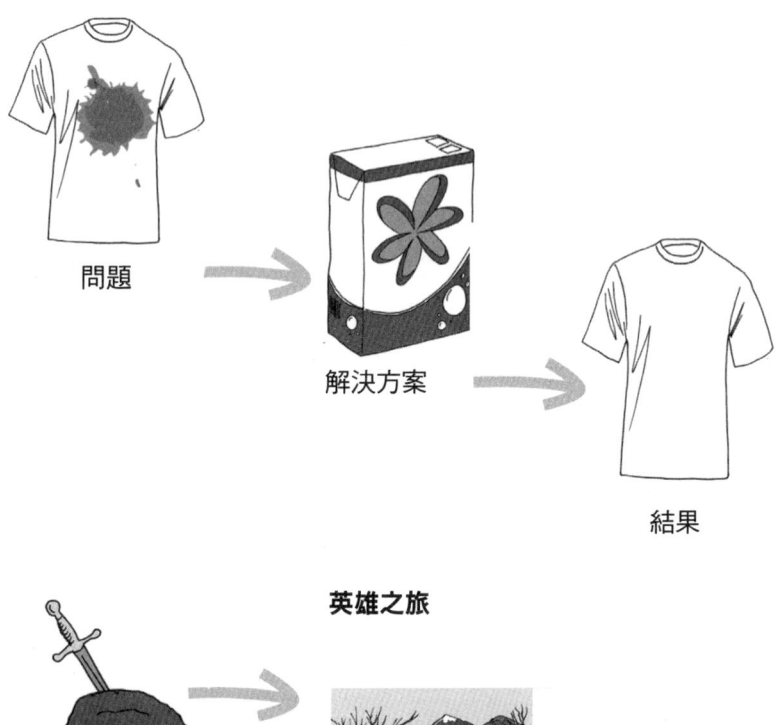

問題

解決方案

結果

英雄之旅

挑戰

冒險

勝利

案例分析（和其他行銷故事）的基本架構，與英雄之旅相同

它容易引發共鳴,因為它描述了讀者熟悉的雙腳冰冷經驗,以及找到真正有效產品後的滿足感。最後,它並沒有過於自我陶醉:整篇內容中只提到一次「我們」,其餘部分都是關於發明家大衛和現在產品的愛用者。

有趣的故事會有高低起伏。在通往美滿結局的過程中,會伴隨著一些戲劇性或衝突,就像英雄在返鄉之前必須克服挑戰一樣。這種挑戰可以有多種形式:競爭對手或敵人(無論是人或公司)、環境和事件,甚至是大自然的力量。有時候,英雄的對手是自己,他們試圖在某些方面變得更好或更強大。在 Heat Holders 的故事中,挑戰是大衛那雙穿不暖的襪子,他透過發明更好的東西來克服了這個困境。

以下是純真飲料(Innocent Drinks)在官網上介紹公司故事:[10]

相當無聊的故事

他們(三位創辦人)寫了一份商業計畫,但沒有人願意投資(說實在的,計畫確實看起來有點無聊)。於是他們又重新修改了 11 次。結果,倫敦的每家銀行、創投和潛在投資人都拒絕了他們。

品托先生,謝謝你

他們向所有認識的人發送了一封幾近絕望的電子郵件,主題是「有人認識有錢人嗎?」這時出現了品托(Pinto)先生這位好心人,要不是有他⋯⋯

許多公司可能不願意提及自己早期找不到投資者的挫敗經歷(即使他們最終獲得了資金),因為這可能讓人認為他們的商業計畫很薄弱。然而,純真飲料不諱言自己遇到的困難,讓整個故事更誠實和感性,避免了公司簡介淪為自我吹捧的宣傳文。另一方面,值得玩味的是,他們所說的「相當無聊的故事」反而使內容更加有趣。[11]

有些brief可能需要包含更多挑戰的故事,甚至**整篇**內容都以挑戰為主軸。以下是一則戒酒慈善機構的廣告,直接讓個案現身說法,談自身的悲慘經歷:

嗨,我叫索爾。今年52歲,我從14歲開始喝啤酒,漸漸沉迷於烈酒,每天喝超過一公升的酒。我的家人離開了我,因為他們無法忍受與我住在一起。我現在孤單一人,還是肝硬化的高風險族群。我也不想死,我需要幫助。

此時,讀者必須透過支持慈善事業,來為故事提供圓滿的結

局。索爾的困境是問題,而讀者的行動就是解決方案。

最後,請注意一點。故事固然很棒,但並不是萬靈丹。你的文案不會因為有「故事」,就自動引起人們的興趣,特別是當內容缺乏人性化的角色或戲劇性時。更重要的是,即使是強而有力的故事,也不一定能讓讀者像閱讀小說,甚至像瀏覽社交媒體動態那樣全心投入。你是在街角講故事,而不是在床頭講故事,聽眾可以隨時離開。請尊重他們的注意力,為他們提供你自己也會想讀的故事。

> **實戰練習** 從前從前⋯⋯為你的人生,注入戲劇性
>
> 回想一個你可以講述的人生故事:你接受並克服了什麼挑戰?你如何讓讀者對這個故事產生興趣?

Chapter 11

好文案，是改出來的

雖然靈光可能乍現，但大多數文案工作者都是在無數次改稿中，成就令人滿意的版本。

所有的寫作，都是重寫

我不會跟你訴苦我寫這本書的過程，但我可以告訴你，我絕對不希望你看到我的初稿。事實上，我猜我花在編輯上的時間是寫作的三倍，甚至更多。

雖然靈光可能乍現，但大多數文案工作者都是在無數次改稿中，成就令人滿意的版本。通常，許多構思、甚至你可能稱為「靈感」的部分，其實是在初稿完成**之後**才成形的。正如海明威所說：「所有的寫作，都是重寫。」

在重寫時，需要考慮以下幾點，本章接下來將更詳細討論這些要點：

長度	你的文案太長,還是太短? 是否已經充分傳達了該說的內容,既不過多也不過少? 是否已經說了足夠的內容,能讓讀者從他們所處的位置,抵達你希望他們到達的目標?
焦點	文案是否有一個明確的主題,或者(對於較長的文案)每個部分或段落都有明確的主題? 正文是否實現了標題的承諾?對於較長的文案,每個部分是否實現了副標題的承諾? 是否在某些地方嘗試同時處理兩個問題?如果是,要分開處理比較好,或是只處理其中之一就好? 是否有較弱的部分可以刪除,強化剩下的部分? 內容是否偏離了主要論點?如果是,你應該將這些部分移到其他地方,還是直接刪除?
重複	每個部分是否為文案的利益、說服力、資訊、情感或語氣,增添了獨特的價值? 是否在某些地方重複了相同的觀點?總會有一個版本較優,要選擇最好的版本,刪除其餘的版本。 是否在某些地方使用了相同的單字或詞組?除非有充分的理由(例如,使用專業用語、針對 SEO 調整內容等),否則要盡量變化措辭。
順序	思路是否按邏輯展開?論點中是否有遺漏或錯誤的環節? 是先講主要利益,再補充次要利益嗎? 如果前一個論點是後一個論點成立的基礎,兩者的出現順序是否正確?
步調	文案是否以一致的步調展開? 步調是否適合文案的氛圍?是否有太快或太慢的部分? 如果步調不一,是否有充分的理由?這種節奏上的變化,是否有效?

段落	每個段落是否都聚焦於特定的觀點？ 分段是否合乎邏輯？ 段落的長度是否適合閱讀的媒介（印刷、數位媒體、行動裝置等）？ 段落的長度是否有變化？
句子	你的句子是否多採用簡單而清晰的架構，如「主詞—動詞—受詞」？ 是否使用了被動語態（見第 10 章的「文案，要少用被動語態」）？如果用了，你是有意這麼做的嗎？ 如果拆開句子，或調整詞序，會不會比較簡單？ 是否有句子過於冗長？（每個句子應該能在一口氣內讀完。） 短句和長句是否搭配得宜？
詞組	是否能用精確的字詞，來取代冗長的說法？ 是否使用了晦澀的文字或陳腔濫調？你確定要保留這些用詞嗎？（見第 10 章的「有時，文案該多加點『行話』跟『老哏』？」）
用詞	每個詞是否適合你想表達的意思？ 是否可以用更簡單或更常用、且意思相同的詞替代？這樣是否會讓內容更容易閱讀？ 是否有抽象名詞可以用具體動詞代替，讓表達更生動？ 是否有需要解釋的詞彙（如縮寫、科學名詞、專業術語等）？或者完全避免這類詞彙會比較好？
描述	你的每個描述都有目的嗎？ 所有的形容詞和副詞是否都值得保留？用動詞來描述是否更有效？ 是否有更清晰的表達方式來代替文字描述，例如使用圖片？

篇幅是否恰當？

焦點至始至終都清晰嗎？

順序是否符合邏輯？

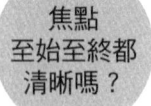

描述是否到位？

是否使用了簡單的文字和句子？

步調是否一致？

修改文案時，要考慮的事項

寫文案，能簡則簡，能精就精！

對於文案來說，越簡單越好，以下是六個原因：

- **簡單的文字是基礎**。簡單的文字是我們最先學會的字，因此最為熟悉。而它也是我們知識的基石，並且陪伴我們一生。這些文字不像玩具，並不會因為我們長大而遺棄。

- **簡單的文字強而有力。**簡單的文字堅實可靠，值得信賴。正如卓特所說：「所有的優點都在於簡單，所有的缺點都在於複雜。」[1]
- **簡單的文字真實可信。**正如希臘悲劇大師尤瑞匹底斯（Euripides）所說：「真理的語言是簡單的。」當你的文案語言聽起來真實，就更容易建立信任和說服讀者。簡單的文字讓人**感覺**真實，因為我們用它們來表達生活中最重要的訊息，例如「我愛你」、「是個女孩」或「我找到工作了」。
- **簡單的文字清晰明瞭。**簡單的文字擁有明確的意思，人人皆知。當你將複雜的想法轉化為簡單的語言，等於迫使自己先在腦中釐清概念。此外，研究人員發現，使用簡單文字表達的人，在讀者眼中反而顯得**更聰明**。[2]
- **簡單的文字容易理解。**你的文字越簡單，人們越容易、越快理解。因此，使用簡單的文字是在向讀者表達尊重。把文章寫得簡單，你是在說，「我知道你很忙，也沒有要求收到這則訊息，因此我努力讓它簡單易懂，以節省你的時間和精力。」
- **簡單的文字具有包容性。**你的文字越簡單，就有越多的人能理解你，簡單的文字可以觸及最廣泛的受眾。正如內容專家莎拉・理查茲（Sarah Richards）所言：「這不是降低標準，而是擴大格局。」[3] 你甚至可以說，寫作是一種道

德責任，一種表達上的民主化。

基於上述所有原因，簡單好懂的寫作方式更能幫助讀者理解、記住你的話，並採取行動。身為文案寫手，這正是你的目標所在。[4]

然而，簡單易讀的文案並不等於簡單易寫。讓文案看起來簡潔清晰，其實需要極大的專注與努力，就像將沉重的磚塊精準放到指定位置一樣費力。

當然，讀者永遠不會知道你為了達到這種簡單所付出的努力。如果沒有人注意到你付出的努力，這正說明你已經做得很好了。正如小說家納撒尼爾‧霍桑（Nathaniel Hawthorne）所說：「通俗易懂的文章背後用心良苦。」

你可能認為，自己第一次寫下來的內容應該是最簡潔的，但其實恰恰相反。大部分的初稿往往冗長混亂。你會不假思索地亂拋字句，或者讓想法隨意四散，甚至偏離重點。在重寫時，你的任務是從這些複雜的文字中，提煉出簡單的文字。

簡潔的文章源於清晰的思維和深厚的知識。愛因斯坦說過：「如果你不能把事情解釋得淺顯易懂，就表示你還不夠了解。」對文案寫手來說，這意味著深入了解產品、利益和讀者，知道哪些內容該寫，哪些內容該省略。簡潔並不只是少說幾句話，還必須專注於**正確的**內容。

簡單的文字就是……

基礎的
我們先學習簡單的文字，
然後終生記得它們

強而有力
簡單的文字
堅實可靠

真實可信
簡單的文字
聽起來真實

清晰明瞭
簡單的文字，
大家都知道意思

容易理解
簡單的文字可以
減輕讀者的負擔

具有包容性
越簡單的文字，
能觸及到的受眾範圍就越廣

使用簡單文字的六大好處

文案要簡潔，一個簡單的規則是**每次只談一件事**。用標題引入一個大主題或關鍵利益。如果使用章節結構，讓每個章節聚焦於一個主題，並在標題中清楚說明。每段只發展一個想法，並用首句引出該想法，每句話只表達一個觀點。

反過來說，**事情不要說兩次**。一個字能表達清楚的事情，就不要用兩個字（或兩個詞組或兩個句子）來表達，確保每個字都對整體文案有貢獻。

另一個有用的規則是**牢記目標**。文案的每個部分都應服務你在第4章中確定的目標。不符合目標的部分都應刪除。如果你發現刪減很困難，把它想成對剩餘部分的改善，而不是丟棄有價值的內容。這就像修剪玫瑰叢一樣，適當的修剪能開出更多的花朵。

大多數的句子要使用簡單的結構。李文森是歷史上最偉大的文案寫手之一，也是1960年代不朽的福斯汽車廣告的創造者。比爾‧伯恩巴克（Bill Bernbach）將李文森的風格描述為「主詞、動詞、受詞」，因為他寫的每一個句子幾乎都屬於這種簡單的模式。[5] 我們大多數人在童年時期就學會了這種架構，儘管成年後未必經常使用：

貓坐在墊子上。
主詞─動詞─受詞

在網路寫作中，簡單而短小的句子尤為重要，尤其是針對行動裝置的內容。比方說，英國政府gov.uk網站的撰稿人，便將每句話的字數限制在25個字。[6] 畢竟，手機螢幕一次只能顯示有限的文字，讀者需要捲動畫面才能回到上頭查閱。此外，他們在閱讀時也許會分心或注意力不集中，並且可能急於完成某件事或找出某些資訊。實用的經驗法則是，如果一句話中有超過一個標點符號，對手機使用者來說可能就太長了。

　　談到用詞時，簡單意味著簡短、具體和熟悉。選擇意義單一的字詞，避免模稜兩可、或需要透過上下文才能理解的字詞。這對所有人都有幫助，尤其是母語跟文案語言不同的讀者。而在用非典型或詩意的用語前，要想清楚是否值得冒語意不清的風險，來換取趣味性。

　　微軟Word在檢查拼字與文法時，還可顯示可讀性的統計資料，幫助你了解文章是否足夠簡單易讀。軟體會告訴你單字和句子的平均長度，並提供更進階的評估方法，例如閱讀舒適分數（Flesch Reading Ease）和佛萊士－金凱德閱讀學級程度（Flesch–Kincaid Grade Level）。閱讀舒適分數的滿分是100分，分數越高，代表文本越容易，範圍從非常簡單（90-100）到大學畢業生程度（0-30）。而通俗易懂的文字的分數落在60-70，寫作時至少應該達到這個水準。而閱讀等級則反映了讀者需要多少年的教育才能理解文章；將該等級數加上五，即可計算讀者的閱讀年齡。文案的閱讀年齡越低越好，但如果是某些主題或特定風格

的文章，閱讀年齡可能無法避免地升高。[7]

文案可能會**過於**簡單嗎？是的，的確可能會太過簡單。雖然你應該偏好簡單的單字和架構，但仍需注入一些變化，否則文案可能顯得枯燥且重複。有時，brief或品牌的語氣需要一些微妙、模糊甚至複雜的表達。但「簡單」始終是一個好的起點，因為它可以檢驗主旨是否有效。只有把基礎打好了，後續的細節才有意義，否則就如同空中樓閣。

為了讓文案切中要點，要「除掉你的寶貝」

「除掉你的寶貝」這句話聽起來有點嚇人，但其實是在提醒你不要對自己的想法過於執著。有時候，你冒出了自認非常好的點子，心想一定要寫入文案中。很快的，你開始繞著這個點子打轉，甚至試圖說服自己保留下來。儘管你內心深處知道，它其實並不符合brief。這時候，你需要「除掉你的寶貝」。

永遠記住，你是文案**寫手**，不是文案的**讀者**；你是演員，不是觀眾。你的任務是回應brief，而非取悅自己。如果你文案的某部分未能發揮作用，沒有將利益與讀者聯繫起來，那麼就必須刪除。後續你可能還必須提醒你的客戶，文案的對象是他們的顧客，而非他們自己（見第15章關於如何回應改稿要求）。

你獨自做某事的時間越長，就越容易失去客觀的視角。若把文案拿給值得信賴的朋友或同事看，他們通常能一眼指出你的

「寶貝」。不要忽視他們的建議──要記住,他們像讀者一樣,是第一次接觸你的文案。

當然,為了讓文案切中要點,而刪掉你很喜歡、但沒有實質幫助的文句後,你可能會覺得內容過於簡單直白。你或許會想:「就這樣嗎?」然而,真正厲害的人能迅速看穿本質,找到最簡單、且最有力的答案。所以說,如果你的文案感覺最符合要求、且沒有多餘內容,這是很好的跡象,顯示它是對的,而且會成功。

這並不意味著你不應該追求創意。只要創意符合brief的要求,就應該保留它,甚至在必要時堅持爭取保留。但也有些時候,你需要擺脫自己的慣性,讓文案以最自然、最適合的方式呈現。這正是古人所說的,「順其自然,順勢而為」。

你是不是也犯了「打高空」的毛病?

在描述產品的無形利益時,需注意避免犯下「打高空」的毛病。你從有形的利益開始,接著引入無形利益,最後延伸到情感層面,到達與產品無關或幾乎沒有關係的普世良好價值。

你甚至可能一路提升到社會效益層面,解釋此產品為何能改善世界。問題是,**所有**的產品都以某種微小的方式改善世界。所以,你並沒有為讀者提供購買**該**產品或選擇**這家**公司的充分理由。[8]

例如，看看泳裝品牌 Speedo® 的這句標語：

游一游，心情馬上好。

這個文案非常有力，簡潔、易記、又直接，並且以實際經驗為基礎。但它實際上說的是游泳的益處，而不是泳裝本身的價值。游泳可以有效地改善讀者的情緒，但無論是否穿著 Speedo® 的泳裝，心情都會好起來。因此，讀者得到的訊息可能是「對，我應該去游泳」，而不是「對，我應該買 Speedo®」。

想像一下，如果你得為形容詞或副詞付錢……

形容詞用來修飾名詞（如事物），副詞則修飾動詞（如動作或事件的發生）。比方說，在「紅色汽車快速開走」這句話中，「紅色」是形容詞，「快速」是副詞。形容詞和副詞修飾其他詞語，在本例中分別是「汽車」和「開走」。

你可能希望這些描述性詞語頻繁出現在文案中。畢竟，你會想向讀者介紹該產品，並讓讀者有更真實的使用體驗。這麼說是沒錯，但還有更好的方法。

在你還沒找到更好的用字前，初稿中的某些形容詞和副詞可以暫時填充空白。它們傳遞的訊息是，你試圖透過這些詞讓句子變得更強烈。例如：

我們的訓練，是很棒的提高銷售額方法。

在這裡，「很棒」是模糊的形容詞，它只是「非常好」的另一種說法。然而，如果我們把「很棒」和「提高」結合起來，把整件事變成具體的動詞，效果就更簡單、更有力、更生動：

我們的訓練，能使你的銷售額激增。

副詞也同樣可能削弱動詞，比方說：

Stainaway 清潔劑可以快速去除頑固汙漬。

這句話的重點是 *Stainaway* 清潔劑能去除頑固汙漬，副詞「快速」卻悄然地潛入句子中，破壞「主詞—動詞—受詞」的架構，模糊了我們想要為讀者描繪的畫面。但同時，速度是我們希望讀者知道的利益。我們只需要一種不使用副詞的方法來表達：

Stainaway 清潔劑能瓦解頑固汙漬，一擦即淨！

（形容詞「頑固」可以保留下來，因為它相當具體，且傳遞了關鍵資訊。此外，也沒有其他用詞可以取代「頑固汙漬」，尤其當我們想提醒讀者，用這款清潔劑是處理那些難以清除的汙漬

的最好方法。)

有時候，你可以用更精準的動詞，來取代副詞和動詞的搭配。先看副詞和動詞搭配的例子：

> 新廚房可以徹底改變你家的氛圍，並大幅增加房屋的價值。

這裡，「徹底」和「大幅」只是強調了「改變」和「增加」的程度。我們可以將兩個都換成單一動詞：

> 新廚房可以讓你家的氛圍蛻變，並推升房屋的價值。

這裡有個潛在陷阱是，有的人儘管改變了動詞，卻仍保留副詞，導致出現如「徹底蛻變」這樣的贅述。畢竟，「蛻變」本身已經意味著「徹底改變」，所以「徹底」並沒有增加任何意義。

話說回來，並非所有的描述詞都是不必要的。你只需要選擇強而有力的形容詞，並且使用表現力豐富的副詞。比方說，「新」、「簡單」或「獨特」等形容詞，也可以傳遞關鍵意涵或表達重要利益。而感官細節也能產生顯著影響，如「多汁的牛排」聽起來比普通老套的「牛排」更美味（見第10章的「打開五感，寫出讓讀者身臨其境的文案」）。

同樣，副詞也可以傳遞重要的區別：「漫無目的地繼續」與

「勇敢地繼續」表達的情感完全不同。此外，副詞也可以是最快、最簡單的表達方式。比起「能夠在瞬間認出來」等笨拙的敘述，不如直接說「迅速認出」。

如果無法找到合適的詞語，請使用同義詞辭典。雖然有些作家認為不應依賴辭典，但它可以幫助你回憶已知的詞彙，包括那些比你現在使用還更簡潔的用語，但要避免為了炫技，而使用晦澀或過於華麗的詞彙。

「對待形容詞和副詞，就好像每使用一個都要花上500英鎊。」文案大師湯尼・布里格那爾（Tony Brignull）說道，「但是動詞卻是免費的。」[9] 可以仔細檢查你的文案，並問自己是否要付費保留每個形容詞和副詞。如果你願意，那很好。要是不願意，就把它們變成動詞，或直接刪掉。

短文案好，還是長文案好？

你是否曾經遇到短文案與長文案的爭論？這種爭論往往會變得非常激烈。

支持長文案的人推崇過去那些經典的平面廣告，認為撰寫長文案是一門失傳的藝術，值得復興。另一方面，短文案的擁護者則以X等社群媒體為例，主張「微文案」才符合現代讀者的習慣，既好寫又容易分享。[10]

閱讀這些論點，你可能會認為這都是時代進展的表現：長文

案屬於過去，短文案才代表現代；長期下來，文案不斷縮短。有些行銷人員甚至認為，近年來人們的注意力持續時間逐漸減少，而文案的縮短只不過是適應情況而已。[11]

事實上，環顧四周，你會發現長文案和短文案如今依然各自活躍且成功。套用戈薩奇在前言所言：人們會閱讀他們感興趣的內容，有時候是短文案，有時候是長文案。

如今有許多輕巧的數位格式內容，例如推文和哏圖，人們喜歡這些內容形式，並熱衷於分享。它們甚至蔓延到了線下世界，像表情符號之類的東西就出現在印刷廣告中。然而，僅僅因為讀者喜歡簡短內容，並不意味著他們無法靜下心來欣賞更長的文案，或者沒辦法應付長篇內容。的確，人們會分享貓咪的哏圖，但也會花數個小時追《冰與火之歌》。這兩者他們都喜歡，是因為它們的**品質**，而不是篇幅的長短。同樣的，重點不在於文案的長短，而在於它是否**引人入勝**。

正如我們所看到的，讀者的注意力很寶貴，絕不應浪費。很少有人會抱怨廣告或行銷資料過於簡短，而且越短的內容越簡單，通常效果也更好。但另一方面，如果內容能讓人沉浸於故事中、學習到有用的知識，或純粹享受文字的魅力，那麼讀者就會一直閱讀下去。只要能抓住讀者的注意力並吸引他們讀到最後，文案就不嫌太長。

從創作者的角度來看，文案的篇幅應該足夠長以達成目標，但不要過長。第6章「用『認知5大階段』，找到最精準的溝通

切角」提到，不同讀者對產品的了解程度不一樣，這會影響文案的長度需求。對於那些準備購買的讀者，他們僅需要一些說服性的資訊即可，這意味著文案可以更為簡潔。而對於那些尚未認識該產品或類似產品的讀者，他們可能需要更多背景資訊。無論讀者現在對產品了解多少或有何想法，你的文案都需要有足夠的篇幅，引導他們逐步達到你希望的目標。

有時，無論是更長或更短的文案，都可能是解決同一 brief 的替代方案。假設你為蘇格蘭威士忌撰寫雜誌廣告，一種方法是使用簡潔的標題（如「歲月之滴」），剩下的讓圖片傳遞訊息。另一個方法是講釀酒廠的故事，包括所有不同的人物、地方和事件。無論採用哪種策略，都是在於強調傳承與品質的關聯，而文案的長度可以從 4 個字到 400 個字不等。

無論文字的具體內容為何，文案的長度本身也可以傳達訊息。正如奧格威寫道：「雖然沒有研究證實，但我相信，長篇文案的廣告能傳遞出一種印象，讓人覺得你有**重要的事情要說**，無論讀者是否閱讀了文案。」[12] 但另一方面，簡短的文案則可能給人簡潔、自信或強而有力的印象。我覺得這比較像是個人的原則問題。

簡短的文案版本，如果效果好，那麼就是正確的長度。

不同類型的文案,適合什麼樣的節奏?

如果你讀過小說,就會明白節奏的重要性。比方說,驚悚小說的節奏快速,用一個又一個的事件來推進劇情;浪漫小說則會有大量的內心獨白設計與細膩描摹,較不著重在情節的推進。

文案的節奏取決於你想要達到的效果,以及你想要喚起的產品體驗。例如,為外帶三明治店撰寫文案時,你可能會想要給人快速且精確的服務印象;而為高級餐廳撰寫文案時,節奏或許更為緩慢悠閒,以反映出放鬆的用餐體驗。

你可能還想放慢節奏來營造特定的氛圍。比如,有些慈善廣告和募款信件需要花一些時間細膩地描述受助者的困境,並請求讀者援助。只要讀者被內容吸引,同理心就會加深,讓募款訴求更加有力。

音律感,能大大增強文案的效力

韻律指的是在一連串文字中,重音與非重音音節的節奏模式。注意他人說話時,你會發現他們並不是一成不變地機械式發聲,而是在某些音節上加重語氣或強調,可能提高音量或拉長語音。你還可以聽到詞語之間的停頓,這在書面形式中通常用標點符號來表示。

當人們閱讀時,他們在腦中「聽到」文字,就像聽別人說話

一樣。[13] 因此，如果你希望文案具有說服力，就需要讓讀者感覺「聽起來是對的」，即使這段文字從未被大聲朗讀。若你想讓它聽起來像對話，它的韻律應該像日常談話一樣自然流暢。

從最基本的層面來說，文案應該擁有令人愉悅的重音與非重音音節的節奏。短詞與長詞應該完美搭配，並適當設置停頓，讓讀者能在不同觀點間有片刻喘息。

將文案大聲讀出，或讓他人（或使用文字轉語音的應用程式）讀給你聽，通常很有幫助，文字的韻律會直接躍然紙上。

當你的文案聽起來不順暢，通常是因為沒有充分考慮韻律。有多種方法可以修正這個問題，例如調整詞語順序、替換同義詞、改變標點符號、拆分或合併句子，甚至可以選擇使用或避免縮寫，或者適當添加或刪除詞語。

以下是一個例子，展示如何改進節奏：

> Choose from loads of beautiful patterns, including smart stripes, fun spots and sophisticated Argyll.（從大量美麗的圖案中選擇，包括幹練的條紋、有趣的圓點和精緻的菱格紋。）

請看英文原文，你能發現問題在哪裡嗎？「Choose from loads of」的節奏過於單調，連續使用了四個單音節詞。而「smart stripes」和「fun spots」兩處則將兩個重音過於緊湊地擠

在一起。相比之下,「sophisticated Argyl」又包含了太多連續的非重音音節,使節奏顯得拖杳。

在不影響意思的情況下稍作調整,就能讓這段文字的韻律更加平衡流暢。以下是改進後的版本(改動處用底線標示):

> Choose from <u>dozens</u> of beautiful patterns, including <u>snazzy</u> stripes, <u>funky</u> spots and <u>classy</u> Argyll.(從數十種美麗的圖案中選擇,包括時尚的條紋、俏皮的圓點和典雅的菱格紋。)

更進階的技巧是句子的節奏。就像文字的韻律一樣,長短句應該交替出現,避免節奏過於單調,讓讀者昏昏欲睡。短句可以僅包含一兩個詞,而較長的句子則應該能一口氣讀完,像是歌曲中的一句歌詞。如果句子的長度超出了這個範圍,代表句子包含的訊息相當於兩三個更短的句子,這時要想辦法把它拆分開來。

最後,還有段落的節奏。每個段落應專注於單一的核心想法。段落之間的停頓就像在告訴讀者,這個觀點講完了,他們可以暫停,稍作反思,並在腦海裡喘口氣,再繼續讀下去。如果段落的分割位置不當,讀者就必須在一個想法說到一半時停下來,這會令人感到困惑。萬一你沒有給讀者適當的停頓,他們就會開始吃不消。

也就是說,分段能製造「喘口氣,想一想」的效果。因此,如果你想突出一個重要觀點,可以用簡短的單句段落呈現。這種

技巧就像一記響亮的耳光,讓讀者立刻坐起來,集中注意力。

親自試試看吧。

然而,不要過度使用這種技巧,否則會削弱效果,讓讀者覺得厭煩。簡短有效,但適可而止。太多了,會讓人崩潰,損耗他們腦力。像這樣,明白嗎?所以別濫用。

想要說服別人嗎?押韻吧

目前,文案寫作的潮流,是隨性對話或抽象標語,活潑押韻的標語已不再是主流。這很可惜,因為押韻的力量非常強大,心理學家甚至發現,人們認為,有押韻的表達方式的準確度,比沒有押韻的還高22%。[14] 因為押韻更容易理解,人們覺得這樣的敘述更真實。

近期的例子,是特易購宅配服務的押韻標語:

You shop, we drop.(你買好,我們送到。)

這句標語韻律簡潔,朗朗上口,同時也強化了所要傳達的訊息。這兩個押韻的英文字說明分工明確,也是主要的利益:消費者輕鬆上網購物,我們負責繁重的工作,幫你送貨到家。特易購的標語深得人心,以至於對手阿斯達也推出自己的版本來回應:

From our store to your door.（從我們賣場，到你家門旁。）

寶僑旗下的 Ariel 洗衣粉的經典標語，也用了押韻的形式：

When the stain says hot, but the label says not.（去汙需要熱水，洗衣標示卻說限冷水。）

同樣的，這裡的押韻使訊息更加有力，它突顯出高溫洗滌的需求（hot）與洗衣標示的限制（not）之間的矛盾。顯然，解決這種矛盾的答案就是購買 Ariel。

頭韻，提升文案影響力的利器

頭韻，是運用相同聲音開頭的詞語，與押韻一樣，是提升文案影響力的利器。與押韻不同的是，你可以在正文中（少量）使用頭韻技巧來強調重點，而不顯突兀。

與押韻一樣，最好的頭韻將詞語和想法連結起來，傳達某種利益，就像這句 Double Diamond 啤酒的經典標語：

A Double Diamond Works Wonders（雙鑽奇蹟。）

這句標語運用了品牌名稱中已有的頭韻，再結合另一組兩字短語，達到了聲音和結構上的完美平衡。（然而，標語的成功也帶來了挑戰，後續版本變為：「雙鑽仍是奇蹟」〔A Double Diamond Still Works Wonders〕，雖然延續了原意，但少了一些初版的悅耳韻律。）

類似的技巧在其他標語中，也同樣奏效。比方說，葡萄適（Lucozade）能量飲料：

Show Busy Who's Boss（讓忙碌知道誰是老大。）

以及孩之寶（Hasbro）的Nerf玩具槍：

It's Nerf or Nothin'（除了Nerf外，我都不要。）

短短四個英文字，就呈現出強烈的對比，讓其他競爭者顯得黯然失色。孩子可以記住這句話，更能對父母朗朗上口。儘管Nerf價格較高，但父母也會很難忘記，這句標語來自一個深受兒童喜愛的市場領導品牌。

如何讓文案力量十足？大膽命令對方吧！

第5章提到，命令可以使標題更直接有力。同樣的技巧適用

於整篇文案，尤其你希望突出產品的利益時。

例如，以下描述客戶關係管理軟體的B2B利益：

> C-Base可讓你依照行業領域、顧客終身價值和錢包占有率，來檢視所有客戶，以便你針對最具銷售潛力的客戶做行銷。

B2B文案中常用「讓你」、「以便你」和「幫助你」等短句，連接技術特色與商業利益，雖然清晰但略顯平淡。若要讓文案更具吸引力，可以將利益改寫為命令句，比方說：

> 依照行業領域、顧客終身價值和錢包占有率，來檢視所有客戶。鎖定最有銷售潛力的客戶，展開行銷！

若想讓文案更具衝擊力，可以打破一些規則。比如：

> 把所有客戶的資料集中到一處，方便查看。
> 一鍵檢視詳細資料。

上述文案還可以進一步簡化成：

> 所有客戶資料集中一處。

一鍵檢視細節。

這樣不再是命令句,而是改成動詞相對較少的短語結構,有點像正文中的條列式重點,雖然可能不符合嚴格語法,但簡潔明瞭、力量十足。有時,這是值得的做法,尤其適合網路環境,因為讀者只會快速略讀、到處瀏覽,而非逐字細讀。

在寫得「清楚」與「正確」之間,一定要選⋯⋯

你應該追求正確的拼字和文法嗎?當然應該。但如果遵守規則會削弱你的文案效果,那麼打破規則可能是更好的選擇。

沒有任何一位頂尖的文案寫手會因為擔心拼字或文法「錯誤」,放棄一個好點子。如果會害怕文法錯誤,亨式焗豆(Heinz)可能會選擇這樣的文案:

Beans Mean Heinz(焗豆就找亨式。)

而不是著名的:

Beanz Meanz Heinz

這句標語並非出自6歲小孩之手,而是由經驗豐富、才華洋

溢的創意總監莫里斯·德雷克（Maurice Drake）寫的。關鍵在於，只要你清楚自己在做什麼，並且有充分的理由，打破規則是完全可以接受的。有意識地不照規則走，以提升文案效果，這和粗心犯錯是截然不同的兩回事。

當你了解規則後，就能更準確地判斷何時以及如何打破規則。除了少數文法和標點控之外，大部分讀者根本不會在意。[15]

正如作家尼爾·蓋曼（Neil Gaiman）所說：「不要執著於文法。如果一定要執著，那就執著於清晰度，盡可能寫清楚。」這對文案寫手來說，是非常中肯的建議。如果你必須在「清楚」和「正確」之間做出選擇，那就選擇「清楚」吧。

檢查，檢查，再檢查

撰寫某篇文案的時間越長，你就越難發現其中的錯誤。雖然客戶可能會注意到這些錯誤，但這並不是他們的工作，你也不應該依賴他們幫你檢查。仔細檢查作品是你的責任，務必要做到最好。

至少，把你的文案列印出來，並在紙上閱讀，這比在螢幕上檢視更能有效發現問題。選擇清晰易讀的字體，字體要大（至少12pt），行距要足夠（至少16pt）。如果可能，寫作完成後，留出一些時間再次檢查，這樣你可以用全新的視角重新審視文案。

如果能讓其他人校對你的文案，那就更好了，尤其是之前從

未見過這份文案的人。大多數自由校對人員的校稿費用非常合理,能夠為你的文案提供專業的檢閱。對於較長的寫作專案,他們可以確保你使用的標點符號、縮寫和專業術語,前後一致。而且,他們還可能提出改善建議。

> **實戰練習**
>
> ### 刻意觀察,拆解別人的文案
>
> 最好的學習方法之一,是仔細觀察別人的作品。選擇你喜歡的作品,分析它為何成功。或者挑選你**不**喜歡的作品,思考可以如何改進。

Chapter 12

心理武器在手,說服人心不愁

使用六個經過驗證的原則,讓讀者覺得按照你的訊息,
採取行動的好處會勝過無動於衷。

用一個故事,來談「說服」

　　提姆和奧利都40多歲。提姆注重身材,奧利卻偏愛愛爾生啤(Real Ale)和豐盛英式早餐。提姆私心認為,奧利一直在放縱自己,絕對可以減掉快一公斤才對。而奧利不明白,為什麼自己不能開心享受美食,而且不用感到愧疚。

　　有一天,提姆買了一款智慧型手錶。顯然,他很喜歡,也認為奧利會從中受益。他能說服對方試試嗎?

　　一個星期天的早晨,提姆在早上跑完幾公里後,就開始他的勸說行動。

　　「這個智慧型手錶很棒!」他氣喘吁吁地對奧利說,「它真

的能激勵你保持健康，還能幫助減肥。我用了以後，感覺特別好，而且大家都說我看起來更瘦了。」

奧利繼續看他的週日報紙，頭也不抬、不以為然地咕噥著。這對話聽起來是吃不到豐盛的烤肉大餐了。

提姆決定換個策略。

「大家都在用這玩意兒。」他指出，「我在公園裡看到，幾乎每個人手腕上都有一支。」

「那我就當那個例外吧。」奧利噘起嘴說。

「戴夫也有一支。」提姆說，「你認識戴夫吧？他有那隻小獵犬黛西。」

「你不會要告訴我，黛西也有一支吧？」奧利反唇相譏。

「其實是他的醫生，建議他要戴的。」提姆解釋道，「他做了健康檢查之後，發現血壓超標。」

奧利坐在扶手椅上，不自在地挪了挪，堅持說：「我可沒什麼毛病，我爺爺活到100歲，他手腕上從來沒帶過什麼電子裝置，告訴他該走樓梯。」

「我在約翰路易斯百貨公司打折時買的，省了40英鎊。」提姆補充道，「可能現在還有貨哦。」

奧利終於讓步，不情願地說，「下次去的時候，我也許會看看。」

「我們1月時確實說過要展開新生活。」提姆提醒，「在海倫派對後的隔天早上說的，還記得嗎？我已經開始努力了，至少

你也該試試。」

「哦,好吧。」奧利說,「我試試看,但你還是不會看到我戴著它去酒吧。」

說服,並不是硬推讀者過橋

在故事中,提姆首先指出了智慧型手錶的利益,包括有形的(保持健康、減肥)和無形的(體態看起來更好、感覺更棒)。然而,奧利並不需要提姆告訴他智慧型手錶的功能或用途。儘管他知道這樣的裝置可能對他有益,但他仍然不打算嘗試這種產品。

僅僅描述裝置的利益並不足以說服奧利。阻礙他改變的並非資訊不足,而是他自己的想法、信念和感受。

奧利和我們一樣,他其實並不想改變。他想留在原地,待在舒適區,繼續過他習慣的生活方式。保持現狀感覺既安全又令人安心,而改變則充滿風險與不安。因此,提姆必須掌控全局,讓奧利明白,採取他的建議比什麼都不做更好。

我們往往誤以為,說服就是強迫別人做他們不願意做的事,彷彿要把他們**硬推**過前言提到的那座橋。但這不是說服,這是強迫、甚至威脅。沒有任何文案可以讓讀者做他們完全排斥的事情。(如果讀者**永遠不會**購買你的產品,他們就不會是你在第3章鎖定的目標客戶。)

為了說服讀者，你必須仔細選擇能夠觸動他們情緒的論點，讓他們覺得按照你的訊息，採取行動的好處會勝過無動於衷。一旦你做到了這一點，讀者的想法和感受就會達成一致，並準備好按照你的訊息採取行動。

你的文案，不需要翻轉讀者的世界觀

若有簡單、明確的目標，說服效果最佳。在這次對話中，提姆並未試圖將奧利變成健身狂，他只是想讓對方戴上智慧型手錶。如果奧利開始戴了，提姆的目的就達成了。

同樣的，一篇有說服力的文案並不需要翻轉讀者的世界觀。只需要讓他們採取你在第3章中所明確指出的行動，通常是試用產品或聯絡公司。為了達成這個目標，讀者不必完全認同你提出的所有論點，也不需要贊同品牌的每一個價值觀。他們只需要相信，該產品會為他們帶來價值。

如果讀者的想法和態度因此有所改變，這種改變通常會發生在他們親身使用產品之後。試想你的自身經驗：你最深刻的信念往往源於你的親身體驗，而非僅僅聽聞或閱讀到的資訊。

6 大絕技，立刻升級文案說服力

提姆使用六大說服原則來說服奧利，包括：社會證明、好感、權威、稀缺性、承諾與一致和互惠（按順序列出）。這些原

六大說服原則

社會證明
我們做別人也在做的事

好感
我們更容易接受自己喜歡的人的建議

權威
我們會聽從自己尊敬的人的意見

稀缺性
東西越少，我們越想要

承諾與一致
我們信守過去的承諾

互惠
互惠互利，有來有往

羅伯特・席爾迪尼（Robert B. Cialdini）的六大說服原則

則出自管理學者兼作家席爾迪尼的著作。他花了數十年時間,研究是哪些因素,讓某些人更擅長於說服他人。[1] 接下來,我們將逐一探討這六大原則。

社會證明原則:「700萬人不會錯!」

當提姆告訴奧利「大家」都在使用智慧型手錶時,就運用了社會證明的原則。

社會證明之所以有效,是因為人類不喜歡成為異類。我們根據周圍人的行為線索,來決定自己的行動。

最有影響力的線索來自同事、朋友和家人,但更廣泛的線索也能影響我們,例如雜誌上的流行趨勢,或社群媒體上的熱門話題。

身為文案寫手,你無法直接創造同儕間的線索,這些內容來自人們與朋友聊天或滑手機時,接觸到的資訊。但是,你可以暗示讀者「應該」遵循某些流行趨勢和偏好。你的核心論點是:「很多人都這樣做,你也應該這麼做。」以下是Betterware使用這種技巧的範例:

700萬人不會錯!

去年,他們按照以下三個簡單步驟,輕鬆完成購物……

我們對某件事越不確定，社會證明就越有力。一旦我們不了解某種情況，就會認為其他人一定知道更多，因此選擇跟隨他們的腳步。這就是為什麼許多應用程式、電子商務網站和SaaS公司，提供中等價位的「最受歡迎」選項，讓人們放心這是「正確」的選擇。如果你的目標讀者是對市場不熟悉的群體，例如首次購屋者、學開車的年輕人或嘗試新興趣的人，社會證明也會特別有用。

此外，擁有強大市場占有率的品牌，也非常適合使用社會證明。比方說，瑪氏旗下的貓飼料品牌偉嘉，就運用了這一策略。他們的廣告詞寫道：

> 十位貓飼主有八位會說，他們的貓更喜歡偉嘉。

這裡的社會群體定義得非常明確——貓飼主，而且統計資料也很亮眼。至於貓咪更喜歡偉嘉的**原因**，沒有明確說明，但這並不重要，因為大多數讀者並不會深入研究。如果你是第一次養貓，想知道你的愛貓喜歡吃什麼，那麼受歡迎的選擇似乎是安全的起點。

當我們從多個來源聽到一致的觀點時，往往會更加重視這些社會證明。來自越多不同聲音或角度的支持，越能驅使我們採取行動。這就是為什麼偉嘉的電視廣告中出現了多位貓飼主，他們說的話雖然略有不同，但都是正面的評價。

如果你不是為領先品牌撰稿，仍然可以透過合適的參考框架，使用社會證明。例如：

> *Vanguard* 是英國數千名廂型車車主的選擇。

當然，沒有必要討論「數千名」是否真的在英國廂型車車主中，占很大的比例。讀者還是會覺得很多人選擇了 *Vanguard*。

我們遵循與自己大致相似的人的行為線索。比方說，提姆告訴奧利「大家」都有智慧型手錶時，他並不是指世界上的所有人，而是指他們社交圈中的很多人，或是身邊潛在的朋友。因此，重要的是要說清楚你所指的社群群體，並確保讀者能認同他們。你甚至可以鼓勵讀者自己建立這樣的連結，例如：

> **數百名與你情況相似的屋主，已經做出了這樣的改變。**

社會證明原則是透過展示其他人如何從產品中獲益，間接吸引讀者的興趣。然而，如果是其他人、而非讀者能從「銷售」中獲益，這種方法就不一定奏效了，如慈善機構呼籲人們幫助他人。

在《小邏輯》（*Think Small*）[2] 一書中，作者歐文・瑟維斯（Owain Service）和羅里・加拉維爾（Rory Gallagher）介紹了一段文案，旨在鼓勵更多人到英國政府的網站（gov.uk）註冊國家

健保局的器官捐贈名單：

> 每天都有數千名民眾在瀏覽這個頁面後，決定註冊。

當這段文案進行測試時，實際上卻**降低**了註冊人數，因為它給了讀者一個**不採取**行動的理由。他們可能想：「如果有上千人在幫忙，也許就不需要我了。」更好的方法是利用稀缺性（見下文），來強調註冊人數有**多麼少**。與其說讀者不行動會讓自己有所損失，不如指出如果讀者不行動，**其他人**會有損失。

好感原則：寫文案，先攻心

當提姆向奧利提到，他們共同的朋友已經擁有智慧型手錶時，他利用了奧利對戴夫（可能還有小獵犬黛西）的好感。

人們會聽取自己喜歡的人的意見，這就是為什麼我們更有可能聽從朋友或家人的產品推薦。同理，這也是為何我們會排斥咄咄逼人、令人討厭的銷售人員，即使他們向我們提供一些好處。

席爾迪尼用食品容器品牌特百惠（Tupperware）的派對為例，說明了好感原則的運用。特百惠的產品可能對顧客來說是陌生的，但因為參加派對的客人認識並喜歡派對的主人，他們更有可能購買這個產品。

然而，問題在於，你的文案既**不**為人所知，也**不**受人喜愛。讀者此前從未見過這段文案，而它卻帶著他們未曾請求的資訊突

然出現在眼前。此外，讀者可能對這個「說話」的品牌完全陌生。從讀者的角度來看，你不僅不是給予幫助的朋友，反而更像是「認知劫匪」，為達到自己的目的而攫取了他們的注意力。那麼，在這種情況下如何運用好感原則？

其中一種方法是借助趣味性，正如第8章提到的。例如，名人代言或提及大家喜愛的電影是獲得好感的捷徑，可以讓你的產品贏得青睞。

另一種方法是透過使用者見證和評論。如果讀者對「談論」產品的人產生興趣，他們就更有可能相信這些人的意見。在這種情況下，好感原則與社會證明原則就可以相輔相成。

如果兩種方法都不可行，你可以嘗試表現出對讀者處境的理解。在開始推銷利益之前，先建立同理心，可能會讓讀者更喜歡這個品牌或產品。

以下是英國連鎖藥妝店博姿（Boots）的文案。他們在顧客收到沖洗照片的信封上，印著以下文字：

> 在博姿，我們知道你的記憶有多珍貴。我們的專家只使用最高品質的材料，並對每一張照片進行細緻的手工檢查。

這裡暗含的邏輯是：「我們理解你，所以採取這些高品質的措施。你也喜歡我們和我們的服務，對吧？」

另一種方法是稱讚讀者：

身為父母，你早已掌握管理時間、解決爭端和處理優先事項的技巧。現在，有一種方法可以讓你再少操心一件事⋯⋯

如果文案奏效，讀者會在心理上稍微點頭同意，也許還會產生一絲情感上的共鳴。然而，就像在現實生活中一樣，這種感同身受的陳述必須真誠可信，否則讀者很快就會看穿虛偽的表面。另外，正如第6章「用『認知5大階段』，找到最精準的溝通切角」提到的，告訴讀者他們已經知道的事情，恐怕只會激怒他們。因此，讓讀者喜歡你的最好方法或許就是開門見山，盡量少浪費讀者的時間。

權威原則：人更容易相信「厲害」的人

當提姆提到「醫生建議戴夫要戴智慧型手錶」，他用的是權威原則。

我們往往服從權威人士，尤其在不知道該如何行動的情況下。許多人都可以成為權威，比如父母、老師、政治家、名人、警察、老闆、科學家和任何領域的專家。他們的權威可能源於豐富的知識、官方頭銜或資格、他人的認可，或個人魅力。同樣的，組織、出版物和品牌也可以像個人一樣擁有權威。

無論權威以何種形式呈現，它的影響力都是雙向：只有人們接受或服從時，它才具有說服力。因此，如果你打算運用權威原

則，這個形象必須在讀者眼中具備真實的權威性。

提姆的策略之所以有效，是因為戴夫醫生的權威建議，也值得奧利採納。很顯然，戴夫是個需要關注體重的中年人，就像奧利一樣。如果戴夫已經70多歲了，奧利可能會反駁說，醫生的建議不適用於他。

所以，若讀者已經熟悉這位權威，那你的任務就輕鬆多了，無須過多介紹。但要是讀者對這位權威很陌生，你需要評估該權威是否能在第一印象中令人信服。或者，如果你以第一人稱寫作，則可能需要建立自己的權威，像是引用其他可信的權威來加強你的立場。

廣告常常運用權威來推銷洗髮精、牙膏和面霜等美容和保健產品。在電視廣告中，通常會出現「科學畫面」，可能是真正的科學家，或是穿著白袍的醫生，用聽起來很厲害的事實和數據，來證實產品的主張。

有時候，權威的展現形式更加隱晦。例如，1970年代，Brut 33希望說服男性開始使用鬍後水。因此，他們邀請了英國拳擊手亨利·庫柏（Henry Cooper）出演廣告。看到超級硬漢的庫柏把鬍後水「大量擦在身上」，讓男性更有信心嘗試這項產品，因為庫柏是男子氣概的「權威」。

無論權威來自何處，重點是用簡單、具體的語言和正面的陳述，取信於人（正如第10章中所述）。一個聽起來不自信的權威，是無法說服任何人的。

稀缺性原則：最大的過錯，是錯過

當提姆提到「他在約翰路易斯百貨公司打折時，買到了智慧型手錶」，他運用了稀缺性原則。這個原則是說，某樣東西越稀少，我們就越珍視；而供應充足的東西則容易被忽視。

想想你在聖誕節收到的那盒薄荷巧克力。一開始，你可能毫不在意地狼吞虎嚥，甚至端給客人吃，因為你知道還剩下很多。然而，不知不覺間，只剩下最後一片時，不知怎的，剩下的這片巧克力似乎比幾分鐘前你開心吃掉的任何一片，都更珍貴和美味。

物資越豐富，我們的選擇自由就越大。而當它們變得稀少時，我們逐漸失去了這種自由。我們討厭失去已經享有的自由，因此會本能地抓住稀缺的東西，努力保有那份僅存的選擇空間。

稀缺性會激發人對「做出錯誤選擇」的本能恐懼。隨著某樣東西越來越稀少，我們開始擔心機會「稍縱即逝」，並想像如果錯失機會，自己會有多後悔。一旦這種感覺夠強烈，我們可能會單純為了「避免將來後悔」而購買產品，將它作為一種「情感保險」。我們不一定需要這個產品，而是不想後悔沒買。如果你曾在冬季大特賣中，買了一堆自己並不需要的東西，拎著大包小包蹣跚地回家，就會親眼見識到這種心理作用。

你可以透過一種或多種方式讓產品看起來稀有，從而利用稀缺性原則。

首先,也是最簡單的方法,就是數量限制。如果產品限量或數量有限,人們會認為它更有價值:

> 這些精美的限量版《星際迷航》紀念盤,僅生產了500套。

接下來是時間稀缺性:讀者只能在限定的時間內,購買或參加優惠活動。以下是易捷航空(easyJet),運用時間稀缺性做的廣告:

> 折扣高達25%。
> 每個座位、每條航線、每一天均可享有折扣。
> 把握時間,促銷將於週二午夜結束!

另一種稀缺性是競爭。當優惠不僅有限,還有可能被他人搶先時,競爭會激發讀者立即行動。比方說:

> 這場享有盛譽的會議,報名肯定會很踴躍。立即行動,在5月30日截止日期之前,預訂早鳥票!

還有一種是「專屬優惠」,這能讓讀者感到被重視,知道自己是精選群體中的一員,獲得了獨一無二的機會。這類優惠讓讀

者感覺自己「應該」採取行動，因為這是為他們特別準備的：

> 由於您之前購買過《割草機世界》，您被選中得到這個令人難以置信的訂閱優惠，詳情如下……

最後，還有邀請制，這是「推薦好友」等口碑行銷活動中的重要組成部分。這就像是專屬優惠，但針對的是讀者個人，而非僅僅是針對他們所屬的群體。比如，Spotify 在推出初期就使用邀請制，來激發需求、興趣和使用者的認同感：

> Spotify 免費版目前為「僅限邀請制」的測試階段，這表示你需要收到邀請碼才能使用該服務。

稀缺性通常會出現在 CTA 中（見第 7 章），因為此時需要讓讀者知道，他們**現在**必須採取行動，而不是拖延到未來。

最後一點：稀缺性不一定是真的。你可以透過人為方式創造稀缺感，比如改變產品的銷售方式，也可以僅僅在文案中將其描述得很稀少。例如，由於每個新的 Spotify 受邀者都能獲得 10 份邀請碼，因此邀請的數量實際上是無限的。然而，「僅限邀請制」的定位，卻賦予了這項服務獨特且令人興奮的氛圍。

承諾與一致原則：讓客戶自己成交自己

當提姆提醒奧利，他們曾說好要一起變得更健康時，他運用了承諾與一致原則。

人一旦做出承諾，通常會努力遵守。那是因為我們希望自己是始終如一且誠實的人，並且表裡如一。相反的，違背承諾則表示我們不可靠或不值得信任。

運用承諾與一致原則的一種簡單方法，是根據讀者對某產品的喜好進行「交叉銷售」。以下是聯合利華旗下美乃滋品牌Hellmann's的範例：

> 如果你喜歡Hellmann's，你一定會愛上這些！

或者，你可以向讀者「推銷」更大或更好的選擇，暗示這是自然的進步：

> 承認吧，你已經將那台消費型相機的功能發揮到極致了。該從 CamCo 升級到你的第一台數位單眼相機了！

這種「順理成章」的推銷策略暗示，讀者需要進一步購買，來完成他們已經開始的旅程。言下之意是，如果他們**不行動**，就可能停滯不前，甚至後退。

你也可以指出讀者可能已經做出的承諾，或正在考慮的目標。例如：

> 我們的按次付費健身課程，讓你無須做出重大承諾，就能輕鬆實現新年願望。

如果你知道讀者已經做出了具體的承諾，直接呼應這一點是鼓勵他們堅持下去的好方法。比方說：

> 感謝您訂閱《文案世界》。
> 我們確信在過去12個月中，您已經從中獲得了許多靈感和寶貴見解。立即續訂，再贈3期雜誌，讓學習旅程持續到底！

這段文案的隱含邏輯是：既然你訂閱了這本雜誌，而且很喜歡，那麼選擇不續訂似乎與你的行為不一致。

正如第5章所說，提出問題可以吸引讀者的注意，並讓他們在心裡回答「是」，為你的訊息奠定基礎。舉例來說：

> 你想讓存款獲得更多的利息嗎？

如果讀者的答案是肯定的，產品也提供高配息，那麼選擇忽

視它就會與讀者自己的回答不一致。

另一種方法，是提出與購買相關的問題。這是美國電視購物節目中常用的手法，例如：

你願意花多少錢搭乘環遊世界的遊輪？

這種方法有兩個效果：首先，它使用銷售人員所謂的「假定成交法」（assumptive close）。即使讀者以前從未考慮過郵輪旅行，這個問題也會讓購買成為定局，只剩價格有待討論。其次，問題會讓讀者思考自己願意支付的金額。如果他們後來發現實際價格比預期低，他們對價格的抗拒會減弱，因為他們已經「同意」支付更多費用。

你也可以利用承諾與一致原則，以「讀者的道德觀」為著力點。皇家防止虐待動物協會「強行勸募」的募款員，曾經跟我攀談，問我是否喜歡動物。我回答了「是」（大多數人可能都會這樣回答）。這個看似隨意的問題，其實是對承諾與一致原則的巧妙應用。下一個問題是，我是否會捐款幫助受苦的動物。既然我剛剛表明自己喜歡動物，所以「拒絕捐款」就會感覺像是在違背自己的信念。

美國電影協會的反盜版影片廣告（經常在DVD開頭播放）使用了承諾與一致原則，來說服讀者**不要**下載盜版：

你不會偷車。

你不會偷手提包。

你不會偷電視。

你不會偷電影。

下載盜版電影就是偷竊。

偷竊是違法的。

盜版，是犯罪。

順帶一提，品牌之所以很喜歡消費者在網路上發表好評，其中一個原因就是「承諾與一致」的影響。顯然，使用者評論有助於吸引新客戶（社會證明原則），但它們也能說服評論者自己。寫下來的承諾要強大得多，因此，透過寫下正面的經驗，或者會再次購買的原因，評論者就把承諾與一致原則轉移到自己身上。

互惠原則：不買，心裡過不去

當提姆說「我已經開始努力了，至少你也該試試」，便是運用了互惠原則，即人們往往會回報他人的恩惠，提醒奧利要以善意回報善意。提姆認為，由於他一直如此勤奮地計算步數，奧利理應走幾公里作為回報。畢竟，這才公平。

而行銷人員之所以很喜歡用「送贈品」的策略，也是因為能

促使消費者產生互惠心理。贈品不僅能讓顧客體驗產品，更要激發他們的虧欠感，覺得不買心裡過不去。同理，慈善機構主動寄發附有免費原子筆的實體信件，也不只是要送你一份印有機構名稱的禮物。它出現在人們的家中，要他們有罪惡感，並願意捐款。而且，人們通常也不會隨意丟棄這份禮物，因為它看起來頗有價值。又或者，B2B公司提供免費諮詢服務，讓潛在客戶體驗他們的服務，或製作精美的宣傳手冊，客戶能擺在書架上。即使這些策略不能立即促成銷售，卻能「暖化」讀者的心，與他們建立情感聯繫。

文案能為讀者帶來什麼？如果文案夠有趣和富有創意，它可以給讀者帶來娛樂價值、情感觸動，或者推敲出意義的滿足感。這種感覺可能很細微，且稍縱即逝，但確實存在。

而更長、更具深度的文案，則可以提供更實質的價值。這就是內容行銷背後的理念──透過主題文章或操作指南的形式，向讀者提供寶貴的知識或建議。作為回報，他們會給你電子郵件，也會對你的品牌留下有用、知識豐富和公正的印象。然後，等他們需要購買時，自然會想起你並主動聯繫。例如，撰寫長達20頁的白皮書可能看起來很費勁，卻只換來幾次電話或電郵的詢問。但如果你銷售的是管理諮詢這樣的高價值服務，那麼每一個潛在客戶的價值都是不容小覷的。

當時，奧利可能認為提姆跑步是為了自己的興趣，與他無關。但提姆巧妙地將其重新定義為對彼此健康的投資，因此奧利

需要配合。同樣的,你或許需要向讀者強調,他們從中獲得了有價值的回報。一種方法是為贈品標注名義價值,像是「價值100英鎊的免費諮詢服務」。如果這不可行,你也可以簡單地強調一下禮物的價值或規模,比如:「由我們的保險專家撰寫的20頁買家完整指南」。

洞悉文案背後的心理戰

我們已經逐一介紹了六種說服技巧。然而,正如提姆與奧利的故事所示,將這些技巧結合使用或依序運用,往往更具說服力。下面是一個範例:

> 你可能聽過立遺囑的重要性,也許你的朋友都立好遺囑了。大多數財務顧問都認為:如果你希望身後還能照顧家人,現在就整理好你的遺產絕不嫌早。我們會為你提供所需的幫助和建議,協助你訂立一份適合你的遺囑,而費用僅是你希望留給家人的禮物價值中,微不足道的一小部分。請撥打電話,預約免費諮詢。

在繼續閱讀之前,試著找找看,這段文案運用了哪些說服技巧。

第一句用了社會證明原則:如果你已經聽說過,那麼一定有

很多人採取行動。第二句加入好感原則，邀請讀者想起自己認識的人，以及他們的行動。「大多數財務顧問」援引權威，而「照顧家人」則呼應了大多數人心中的共同目標。「絕不嫌早」則柔性地提醒讀者，行動的時機可能比預期更為緊迫，觸發了稀缺性。將費用與遺產的總價值進行比較，在上下文中將成本重新定義為微不足道，有效克服了「太昂貴」的心理障礙（見第13章的「價格不是數學，而是心理學」）。最後，「幫助和建議」和「免費諮詢」的承諾，透過預先提供有價值的東西，建立了互惠關係。[3]

無論你銷售什麼，最終賣的永遠是安心

在2000年電影《搶錢大作戰》（*Boiler Room*）中，吉姆·楊（由班·艾佛列克飾演）向一群靠推銷電話販賣雞蛋水餃股的年輕交易員，發表了一場慷慨激昂的演講。他告訴他們：「根本沒有不成交的電話，你打的每一通電話都會促成一筆交易。無論是你把股票賣給客戶，還是客戶告訴你為什麼他不會買。」

重點是，談判是雙向的過程。你總是在說服**某人**，而且他們也有自己的目標，即便這個目標只是什麼都不做，或是維持現狀（心理學家將這種對現狀的執著，稱為「維持現狀偏誤」〔status quo bias〕）。

回想一下第3章提到的內容：有些事物是讀者渴望獲得或擁

有的,而有些則是他們想要擺脫的。有些需求與你提供的利益相符,這對你有利;但也有一些可能成為你需要克服的反對意見。舉例來說,如果你銷售的是洗碗精這類必需品,你的讀者說不定已經在使用競爭對手的品牌。因此,你需要說服他們停止使用現有品牌,哪怕只是試用你們的產品一週。

許多反對意見根源於恐懼。這並不是那些無名的恐懼或讓人尖叫的恐懼症,而是日常生活中縈繞在我們腦海中,揮之不去的焦慮。害怕被發現、反對或嘲笑;擔心犯錯或上當;恐懼改變,以及不可知的未來。

從這個角度來看,很明顯,身為說服者,你的任務並不是欺壓或操縱讀者,而是要**安撫**他們。他們已經準備好踏上橋了。你只需要讓他們相信,當他們踏上橋時,一切都會安然無恙。這就是《廣告狂人》中,德雷柏所指的「幸福」:一塊寫著「你,沒有問題」的廣告看板。無論你銷售的是什麼,最終你賣的**永遠**是安心。

以下是一些常見的B2C和B2B反對意見,以及如何克服這些反對意見的建議。

反對意見		克服的方式
B2C 形式	B2B 形式	
我不需要。	這與我們的需求無關。	使用承諾與一致原則，表明此購買決定與讀者已經做出的其他決定一致。 使用社會證明和／或好感原則，說明其他人正在使用該產品並從中受益。 培養欲望，把「不需要」轉變為「想要」。 讓體驗變得真實可信，讓讀者更快做出購買決定（見第 10 章的「打開五感，寫出讓讀者身臨其境的文案」）。
我已經有一個了。	我們已經使用了類似的東西，能夠滿足需求。	提供具體資訊，細數新產品比起競品（或前一代產品），有何優勢。 使用社會證明，說明其他人曾經持相同觀點，但後來改變了主意。
我負擔不起。太貴了。	我沒有買這個東西的預算。 前期投入費用過高。	透過錨定或重新定義成本，從不同的角度看待成本（見第 13 章的「價格不是數學，而是心理學」）。 運用社會證明，表明很多類似的人或公司也在購買該產品。 用承諾與一致原則，說明只要買得起 A，就一定買得起 B。

反對意見		克服的方式
B2C 形式	B2B 形式	
我不相信它（對我來說）會有用。	東西未經證實／不合適。	以客戶推薦的形式，運用社會證明原則。 使用專家評論或背書的權威性。
我怕麻煩。	機會成本和管理費用太高。	使用互惠原則：為讀者做點事，或給他們一點東西，讓他們覺得有義務回應。 證明過程快速又簡單（見第 7 章）。
我以後再做。	我們目前不考慮這樣的投資。	利用稀缺性原則，施加時間壓力。 使用承諾與一致原則，將立即購買與讀者的其他目標或承諾連結（「如果你想做 A，第一步就是 B」）。 運用社會證明原則，說明其他人已經購買了。

根據研究或客戶的修改建議，你應該知道讀者可能會提出特定的反對意見。比方說，英國諾里奇的阿森貝利酒店（The Assembly House）的廣告看板（見下一頁）提供了兩個很好的例子：「值得一遊」回應了距離市中心過遠的疑慮，而「歡迎穿著休閒服」則讓讀者放心，不會高攀不起。

廣告看板解決了讀者的兩大疑慮：「太偏僻」和「太高級」
經阿森貝利酒店授權轉載。

這個例子說明，讀者的反對意見不見得完全理性，甚至不必是事實。實際上，阿森貝利酒店的地點非常方便，而且從未要求特定的服裝規定。但對這些事情的先入之見，仍可能讓人們在拜訪之前猶豫不決。我們對許多事情感到擔心，但大部分擔憂其實都不會發生。

> **實戰練習　說服自己動起來**
>
> 　　想一想那些你覺得應該做、但卻一直拖延的事情。可能是買保險、整理衣服、粉刷窗框等任何事情。現在，嘗試運用本章所學的技巧，說服自己去完成那件事。

Chapter 13

文案高手，都是心理學大師

運用讀者天生的認知扭曲和偏誤，改變他們的觀點，
這些認知漏洞可以成為文案的強大助力。

「認知漏洞」，是文案的強大助力

人類並不擅長辨別真相。事實上，我們的大腦受到許多扭曲、遺漏和偏誤的影響，導致感知與現實完全不符。尤其在比較成本、機率和規模等因素時，我們的判斷力特別有限。但好消息是，這些認知漏洞可以成為文案的強大助力。

當然，你可能會覺得，有些技巧與其說在說服，更像是操控人心。然而，我只是提供它們作為你的選項。至於如何使用，選擇權完全在於你。

「擁有感」，文案人的傳說級武器

「稟賦效應」（endowment effect）指人傾向於高估自己擁有事物的價值。如果你整理過車庫或閣樓，那你或許對這個心理效應，有深刻的體會。雖然有許多舊物品你多年沒碰，而且現在你肯定也不會拿錢出來買，但因為這是**你的**東西，要丟掉格外困難。

以下是一個利用稟賦效應的文案範例：

在搬家嗎？空間不夠？

不要丟掉那些珍貴的物品，把它們安全地存放在 *Big Shed* 的倉儲裡，等到有需要時，隨時取回享用。

贈品、限時試用、試駕和免費的電玩遊戲，都是運用稟賦效應。一旦人們體驗過某樣東西，並產生依戀，他們就會覺得這項東西已經屬於他們了。儘管他們還沒有付錢購買，但已經投入了時間和注意力，這些資源對他們而言同樣有價值。一旦他們建立了這種依戀，就更有可能掏錢購買，保留這樣東西。

多用「你的」一詞，激發讀者對損失的厭惡

心理學家發現，人寧願避免損失，而非獲得同等價值的收

益。[1] 換句話說，我們對損失的厭惡，遠超過對獲得的喜愛。

要利用損失厭惡的心理，可以充分使用「你的」這個詞，來強調讀者已經擁有的東西，同時指出他們可能會失去它。例如，網站架設平台Squarespace的這則線上廣告：

> 趁你的域名消失之前趕快取得。
> 現在就行動吧！

這裡的「你的域名」只是讀者可能想要的網域名稱。在他們註冊之前，這個域名根本不存在。然而，其他人會搶先註冊這個域名的威脅，仍然讓人覺得這是一種潛在的損失。（「消失之前」更進一步利用了時間的稀缺性，這是第12章探討過的技巧。）

用「佛瑞效應」，讓任何人都能在文案中找到自己

心理學家伯特蘭·佛瑞（Bertram Forer）曾對一群學生進行了一項心理實驗。他給了每位學生一份個人化分析，包含了13項人格特質的敘述，並請他們評估準確性。但事實上，每個人都收到了一模一樣的「個人化分析」。即便如此，學生仍然給出了平均4.26/5的準確性評分。[2]

這些敘述之所以能引起學生的共鳴，是因為它們非常籠統，幾乎**任何人**都能從中找到自己的影子。例如：

你非常需要他人的喜愛和欣賞。

你常常會批評自己。

有時你會嚴重懷疑自己是否做了對的決定，或做了正確的事。

佛瑞發現，最通用的說法是以「有時⋯⋯」開頭。這是因為人的感受和行為方式並非一成不變，情緒也會隨著情況波動。也就是說，我們不斷地經歷不同的情緒**狀態**。

第3章提到，與讀者產生共鳴很重要。而佛瑞效應表明，最好的方法，是談論讀者在**某些時刻**可能想到或感受到的事情。舉例來說：

每個人時不時都會買一些從來都不會穿的衣服。而我們的線上私人購物師，可以幫助你避免這樣昂貴的錯誤。

或者：

你會不會偶爾納悶，自己的退休金是否真的存夠了？使用我們簡單的年金計算機，來了解你的預期收入。

為了引發佛瑞效應，可以使用「有時」、「偶爾」、「時不時」、「有時候」或「或許」這類修飾語，來談論讀者可能的想

法或情感。若缺少這些修飾語，語句恐怕顯得過於直接。把這些修飾語從上面的例子中移除，你會明顯感受到差異。

價格不是數學，而是心理學

在第8章中，我們探討了如何重新定義利益，以獲得創意效果。你也可以透過重新定義，從不同的情境或角度來顯示產品的成本。這有助於克服讀者對價格的抗拒，如「我買不起」或「太貴了」等想法。

畢竟，如果你直接說出產品的價格，讀者會立即將其與零進行比較，也就是根本不購買的「成本」。然而，假如你先說其他的數字，他們就會將產品價格與那個數字比較。這就是所謂的「錨定效應」，因為它將讀者的期望錨定在特定的範圍內。因此，如果在說出產品的實際價格之前，先提到一個高價，讀者就會覺得產品的價格顯得更低：

雖然高階割草機的價格可能超過600英鎊，但MerryMo的售價僅為295英鎊。

「錨定」的數字幾乎可以是任何相關的東西，只要不是赤裸裸的謊言。錨定的目的並不在於提供資訊，而是提升讀者對價格的接受度。

「大值偏誤」（bigness bias）與錨定密切相關，指的是人們傾向於認為規模較大的事物或事件更為重要。B2B業者經常使用這種偏誤，從特定的商業角度為他們的費用定價。比方說，資訊安全顧問可能會採取以下的角度：

> 我們的資安健檢費用，僅為995英鎊。畢竟，要是資料外洩，可能使你面臨巨額罰款、嚴重的聲譽損害和數千筆的銷售損失。而這筆檢查費用，只是讓你高枕無憂的小小代價。

在這裡，文案並未明確列出數字，但透過提及「巨額罰款」、「數千筆的銷售損失」和「聲譽損害」，引導讀者在腦中設想這些潛在的損失金額。只要他們心中的損失金額遠高於995英鎊，這則文案就奏效了。（如果不是，那可能是因為該讀者的業務規模較小，原本也不太可能成為服務對象。）

另一種非常受歡迎的技巧，是將價格與讀者認為可負擔的日常開銷進行比較：

> 每週一杯咖啡的價格，就可以為非洲的一個家庭提供乾淨的飲用水。

這種策略結合了大值偏誤和承諾與一致原則（見第12章）。

大值偏誤告訴讀者:「相較於你每週的開銷,這並不是一筆很大的費用。」而承諾與一致原則告訴讀者:「如果你願意支付那些能負擔的東西,那麼這個費用也值得考慮吧?」

你也可以鼓勵讀者從更廣泛的角度或更長的期間,來考慮成本和利益。這在會計領域稱為「生命週期成本」或「整體持有成本」。例如:

> *MerryMo*由優質鋼鐵零件製成,可使用多年,經久耐用,幫助你清理更多草地,物超所值。

這提醒讀者,割草機的擁有成本還包括耗材和維護費用,引導他們將其視為一項長期投資,而不是一次性的開銷。

你可以運用「每天只要一點錢」這個常見、但有效的技巧,將整個生命週期的成本分成易於接受的小額花費。例如:

> 每天只須2.50英鎊,你的小型辦公室即可擁有功能齊全的網路電話系統,包含五個可撥入或撥出的電話號碼。

最後,你還可以強調產品在其他方面省下的成本,來降低對價格的抗拒:

> *InstaHot*電水壺能在幾秒鐘內沖泡一杯熱茶,不需要等

待好幾分鐘，因此你的團隊可以花更少的時間等待水壺燒開。長期使用下來，*InstaHot*節省的能源和提升的生產力，將讓你獲得數倍的回報，直到它退役。

用「沉沒成本」，刺激讀者下單

沉沒成本是指已經花出去、且無法收回的金錢。雖然理智上我們知道該釋懷，忘掉已經付出的成本，但人們往往還是把它看得太重，因為覺得若不堅持下去，之前的投入就「浪費」了。

想像一下，你預先訂了一張戲院門票，但你在演出當天生病了。為了不讓票錢白花，你還是抱病去看表演，即使這會讓你的身體感覺更不舒服。但其實，無論你是否出席，這筆錢都已經花出去了。如果你留在家中，身體或許還會更舒服一些。

你可以利用沉沒成本的心理來推廣產品，讓人們從已經購買的東西中，獲得更多的價值。例如：

> 如果你砸重本選用了高品質的瓷磚，就用 *Tile-o-Paint* 讓它們煥然一新，這是比重鋪瓷磚更划算的選擇。

你可能不信,但這種說法真的讓人更想買單!

如果你曾為孩子準備出門用品與穿搭,或許就知道什麼叫心理抗拒。這是一種傾向,當人被告知該做某件事時,反而會想要做相反的事情,即使照做對我們更有好處。

心理抗拒也在政治競選中發揮重要作用。一個政黨可以將自己的政策定位為反對某些群體,例如歐盟官僚、自由派精英、企業肥貓。政黨將自己包裝成「反抗者」,對手是「壓迫者」,藉此激發選民的心理抗拒,讓投票就像是一種「抗議行動」,因為「對立陣營的人,不希望你投票給我們」。所以,要「奪回控制權!」

使用心理抗拒的一種方法是「設置情境」,讓讀者透過「反抗」,來接受你的訊息。舉例來說:

> 你可能不相信,但 WireCo 的寬頻速度比你目前的電信商快五倍。

透過指出讀者「可能不相信」這項好處,反而讓讀者想要「挑戰」你的假設,進而相信文案的主張。

或者,你也可以嘗試更被動、更溫和的方法,例如:

> 改用 EnergyCo 的益處非常明顯。但當然,最終決定權

在你。

這就像反向的CTA：告訴讀者**不行動**，也沒關係。但由於改用的益處「非常明顯」，不行動顯然並非明智之舉。

用「隱藏指令」，悄悄影響讀者的決定

在第5章中，我們探討了命令的力量。而隱藏指令（embedded command）是NLP中的一項技術，能以較不明顯的方式運用命令，影響讀者。[3]

隱藏指令通常置於更長的句子中，用來表達請求、命令、建議等。例如：

> 你可以在上午9點到下午5點之間的任何時間，<u>參觀我們的展示間</u>。

正如我們在第10章學到的，大腦傾向於專注具體的圖像，而忽略其餘的部分。在這裡，句子中的具體圖像是命令句「參觀我們的展示間」。儘管這條訊息是放在一個讓讀者感覺有選擇自由的語境（「可以」、「任何時間」），但根據NLP的研究，讀者主要接收到的資訊，是你希望他們採取的行動。

雖然並非所有人都接受NLP的理論，但這種技術易於使

用。而且即使無效，也不會損害文案的整體效果。

用「雙重束縛」，讓讀者無法拒絕你的提案

雙重束縛（double bind）表面上讓讀者在兩個選項中選擇，但實際上，無論哪個選項，都通往同一個結果。舉例來說：

> 你可以線上訂購，或親臨門市，瀏覽並購買我們的沙發系列產品。

在這裡，讀者有兩種選擇，但兩者的最終目的是購買。一方面，文案提供了不同的選購方式，但從更高的角度來看，所有選擇都會達到同一個目標（成交）。在這個案例中，這兩個選擇也都是隱藏指令：「線上訂購」和「親臨門市」。

用「差異認知偏誤」，讓你的產品瞬間看起來更好

差異認知偏誤（distinction bias）是指多個選項擺在眼前時，人們會傾向選擇與其他選項看起來不同的那一個。即使我們對某個選項感到滿意，但如果與其他選項相比，我們的看法可能會發生改變。

在文案寫作中，這意味著將話題從單一產品的優點，轉移到多個產品之間的對比。將焦點放在產品與競爭對手或替代品的不

同之處,選擇一個有利於你的產品的比較框架。舉例來說:

> 大多數遙控器只有三種設定暖氣的方式,ToastyHome則提供了五種。

話說回來,讀者**真正**應該問自己的是,需要多少種設定方式才足夠,或者是否在意這方面的功能。但一旦你把它變成二擇一的選擇題,且其中一個看起來略遜一籌,讀者自然傾向於選擇「更好」的那一個。

實戰練習　設計心理暗示,影響對方的決定

試著應用本章學到的技巧,利用言語來影響他人的選擇。不需要是什麼重大的事情,可以從不那麼重要的事情來試試看。例如,今天午餐要吃什麼。

Chapter 14

為你的品牌，找到正確的語氣

語氣能傳達出一致性、個性和價值觀，幫助品牌與讀者建立聯繫。而你的目標是賦予品牌人性化的聲音。

語氣，品牌個性的延伸

我們如何用字遣詞，會反映出性格特質。對品牌而言，同樣如此。

語氣是品牌個性的延伸，會透過文字呈現出來。就像你可以聽到旋律就認出你最喜歡的樂團，或根據風格辨識你最喜歡的畫家一樣，你也可以從品牌的寫作或溝通方式，認出它們。

語氣能傳達出**一致性**、**個性**和**價值觀**，幫助品牌與讀者建立聯繫。如下圖所示，每個層級都建立在前一個層級之上，形成穩固的溝通基礎。讓我們逐一詳細了解。

價值觀
「我信任這個聲音。」

個性
「我喜歡這個聲音。」

一致性
「我知道這個聲音。」

溝通語氣可以分為三個層級,要先滿足下層需求,
才能達成上層目標

你的品牌,有沒有用「同一種語氣」說話?

看看你對這份文案有何看法:

非常感謝你購買 *Toast-o-Matic*!你一定會愛上它的。在接下來的好幾年,它都會是你麵包收納盒旁的好麻吉!

使用 Toast-o-Matic 時，請將一至兩片吐司放入機器中，然後按下升降桿。注意，按壓升降桿時，切勿過度用力。

烘烤設定時間到時，吐司會自動彈出。如果你想在此之前取出吐司，請按紅色的取消按鈕。

這裡的問題不在於字面上的內容。產品是什麼，以及如何使用，都已經表達得非常清楚，但語氣卻很混亂。

第一段輕快、活潑，甚至有點狂躁。第二段沉悶且正式，給人相當老套的感覺。第三段則介乎兩者之間：非正式且輕鬆，但欠缺自己的風格。

然而品牌的語氣需要保持**一致**，這樣讀者才能意識到是同一個「人」在「說話」。這種一致性可以在讀者心中描繪出清晰、穩定的品牌形象。然後，品牌說話時，人們就會覺得「我知道這個聲音」。萬一語氣不一致，品牌就難以被記住或辨識。

這種一致性橫跨品牌的不同產品、廣告、活動和行銷管道，而且不會隨著時間推移改變。雖然行銷活動經常變化，但品牌的語氣基本上保持不變。這種穩定性有助於打造品牌的長期策略，與短期技法性的個別專案寫作形成對比。

類似的情況也出現在視覺品牌識別中。品牌使用一致的符號、排版、顏色和圖像，在所有產品中創造統一的「外觀和感覺」。如果我說「麥當勞」，你可能已經想到黃色和紅色，或者

那個彎曲的M。語氣對於文字來說，也是一樣。

為了清楚說明語氣與品牌的關聯，有些行銷人員將語氣稱為「口語識別」（verbal identity）。從某種意義上說，這是更好的名稱，因為它顯示出文字內容與視覺內容一樣重要，它們塑造了品牌的**真實面貌**，而不僅僅是品牌說話的方式。然而，我在這裡仍使用「語氣」，因為它是更常用的詞。

有些品牌在**所有**的溝通內容中都使用一致的語氣，從停車場的標誌到客服中心員工使用的話術腳本。要實現這種全面的語氣一致性，可能要透過重大的商業專案，遠遠超出文案寫手或行銷團隊的職責範圍。雖然這是非常辛苦的工作，但它向每個接觸品牌的人傳達了強烈的訊息：我們用同一種語氣說話。

喜愛一個品牌，其實是喜歡它的「個性」

品牌就算能讓人記住、但沒有給人好感，那也只是我們大腦中的雜訊。但如果語氣保持一致，你就可以用它來表達品牌的獨特個性，讓讀者喜歡。換句話說，一致性為**個性**提供了基礎。

我們已經看到，最有效的文案如何利用創意和引人入勝的文字，讓產品更加獨特、有吸引力。語氣在更高層級上發揮同樣的作用，確保品牌說的每一句話，都以同樣出眾的方式吸引讀者。因此，讀者除了會想「我知道這個聲音」，還會想「我喜歡這個聲音」，甚至「這個聲音對我說話」。

當人們喜歡品牌的個性時，他們就更容易接受其行銷訊息。他們甚至可能期待、或刻意尋找品牌的廣告，就像英國消費者每年期待約翰路易斯百貨公司的聖誕電視廣告一樣。

這種被吸引的感覺，可能是人們選擇特定品牌，所帶來的無形好處。我們喜歡的品牌表達了我們想聽的話，或是我們想說的話。我們給予它們關注，甚至愛，而它們會發出適當的聲音來回應我們，就像撫摸貓時，貓會發出咕嚕聲一樣。

並非每個人都會喜歡同一部電影或同一首歌，同樣的，也不是每個人都對同一個品牌有好感。因此，品牌要討人喜歡，並不意味著要迎合所有人。而是要鎖定目標受眾（正如第3章所討論的），並讓品牌的語氣能吸引他們。

具有「價值」的品牌，才有強大的銷售力

讓人們喜歡一個品牌固然很好，但僅僅如此還不夠。要達到金字塔頂端，形成品牌忠誠度，還需更進一步。

正如第12章討論的，承諾與一致原則和好感原則非常具有說服力。這也是為什麼那些成功贏得喜愛的品牌，能夠進一步傳遞**價值**，將讀者從「我知道這個聲音」和「我喜歡這個聲音」，轉變為「我信任這個聲音」。畢竟，在人們眼中具有價值且值得信賴的品牌，才有深厚而持久的銷售力。

最早的品牌只有簡單的標誌。1855年，英國啤酒製造商巴

斯（Bass）在其淡艾爾啤酒桶貼上一個紅色三角形標誌。這是在告訴消費者，只要看到這個標誌，就可以期待能嘗到特定的滋味。即使是不識字的顧客，也能明白這個訊息。

多年來，品牌的意義變得更加複雜和微妙，因為「品質優良」已不足以讓品牌脫穎而出，但其核心概念仍然不變：品牌是一種對價值的承諾。無論產品、時間或情況如何變化，品牌的語氣應始終以相同的方式傳遞這一承諾。

標誌或標語不等同於品牌，就像房子不等於家一樣。品牌的真正力量在於人們對它的看法，而正是這些看法賦予了品牌巨大的商業影響力。例如，當蘋果推出新款iPhone時，它不需要像新創公司那樣從零開始推廣。蘋果既定的品牌影響力意味著：當它發聲時，人們會注意並傾聽。

需要強調的是，人們對品牌的觀感並非僅靠語氣產生。實際的產品體驗通常是最有力的影響因素，而行銷和推廣方面也至關重要。然而，正確的語氣仍然能夠將品牌體驗融入文字，吸引人們嘗試某個牌子，或維持他們對該品牌的忠誠度。

首先，把品牌想像成一個「人」……

正如我們所說的話反映了自己的性格一樣，品牌所使用的文字也能展現它們的特質。因此，在設計品牌語氣之前，需要了解品牌的個性。

首先，可以試著將它想像成一個人，然後問自己以下問題：

- 他們是什麼樣的人？
- 什麼對他們很重要？
- 他們的工作方式是什麼？
- 他們的朋友是誰？
- 他們穿什麼衣服？
- 他們開什麼車？
- 他們住在哪裡？他們的房子是什麼樣的？
- 他們的興趣和嗜好是什麼？
- 他們最喜歡的食物、電影、書籍和音樂是什麼？

這些問題僅僅是建議。你可以根據需要，提出任何有助於理解品牌個性的問題，無論多麼瑣碎，只要能提供有價值的見解就好。比方說，你的品牌更喜歡消化餅乾，而不是奶油餅乾。有時候，這些小細節就能說明一個人的特質。

用你的答案為品牌撰寫個性摘要。以下是一個虛構的高級手工園藝工具的範例：

綠葉園藝工具是何方神聖？

我們熱愛園藝，甚至像除草和清理落葉這樣的瑣碎工

作,也甘之如飴。而我們也希望其他人愛上園藝。無論天氣如何,我們都偏愛待在戶外,最好是用雙手感受泥土,讓園藝滋養我們的靈魂。

我們喜歡穿著舒適的羊毛衫,聽著廣播肥皂劇《阿徹一家》(The Archers),手裡捧著一大杯熱茶——而這一切,都在我們花園中進行。

我們認為,值得做的工作就應該好好做,而這需要優質且製作精良的工具。

我們是誠實可靠的夥伴,像老朋友一樣,總是在你需要幫助時提供支持。我們珍視能長久持續的事物,而不是流行和時尚。

綠葉 園藝工具

綠葉的視覺形象

品牌要「說人話」,細節很重要

你的目標是賦予品牌人性化的聲音。因此,在探索品牌個性時,務必關注人性特徵,而非行銷術語或企業流行語。

商業用語的問題在於,它們無法幫助品牌脫穎而出。舉例來

說，許多公司聲稱自己是「創新的」，或表示他們「提供解決方案」，還有其他公司聲稱對自己的工作「充滿熱情」。這些事情在某種程度上很可能是真的，但如果其他人也這麼說，那就無法形成獨特的語氣。

正如第10章「一個關鍵問題，讓文案『化虛為實』」一節所提到的，細節是對抗抽象的良方。所以，如果企業號稱自己很「創新」，就要抽絲剝繭，了解**如何**創新，以及創新**什麼**。比如，你究竟如何創新？是什麼讓你充滿熱情？你的解決方案是什麼？它們解決了哪些問題？又是如何提供幫助的？

比方說，一家「開創性的」清潔產品公司可以說，「我們喜歡讓辛苦的家事變得愉快」，或者「我們希望人們驚喜地發現，原來家裡可以這麼乾淨」。這些情緒不僅更貼近消費者的需求，體現了創新背後的豪情壯志，也指向品牌的獨特價值觀，如「有幫助」、「驚喜」和「愉快」等。

要深入了解品牌的人性特質，最好的方式就是與人交流。在年輕或小型公司中，品牌個性往往與創辦人的特質緊密相關，只須與他們交談即可輕鬆了解。而在規模較大的公司中，品牌個性雖然不那麼明顯，但依然存在，體現在團隊會議的風格、餐廳的氛圍、辦公室的裝潢、員工的穿著方面。在一家公司待上一段時間，你很快就會了解他們的行事風格。

品牌,要「實話實說」

語氣必須真實,能夠反映出讀者在購買、使用產品或與公司合作時的實際體驗。否則,如果語氣聽起來虛假,用這種語氣也不可能長期偽裝下去。

有時,公司會透過語氣,來塑造想要傳達的形象。就好比許多公司希望像純真飲料一樣,有歡樂、古怪的語氣。但純真飲料的語氣反映了該公司創辦人的特質,以及他們花了多年時間打造出的品牌。因此,雖然純真飲料的語氣確實有一些值得其他品牌借鑒的地方,但並不是可以直接複製的。

> **innocent drinks** @innocent
>
> 度過愉快週日的方式:
> 1. 準備零食。
> 2. 找到最舒適的家具。
> 3. 躺在上面。
> 4. 等到星期一。
>
> 10:49 AM - 10 Sep 2017
>
> 230 Retweets　835 Likes

純真飲料的語氣並非所有企業都適用:常被模仿,卻難以超越

品牌專家BJ·康寧漢（BJ Cunningham）分享了一個案例，他曾為保險公司Pinnacle提供諮詢。與當今許多金融服務公司一樣，該公司希望自己的品牌形象更加柔和。但內部員工卻稱公司為「多疑強硬的Pinnacle」，因為公司不太願意支付理賠金。BJ告訴他們，這並非缺點，而是優點。「誰願意向軟弱可愛的保險公司投保，支付高額保費，卻看到他們輕易支付每一筆理賠金？」[1]

這個例子是說，「壞」特質總有好的一面。你並不是「愛挑毛病」，而是「嚴謹」；你並不「無聊」，而是「值得信賴」；你並不「老」，而是「成熟」；你並不「缺乏創意」，而是「擅於改進」。

人們選擇一個品牌，是因為它真實的樣子，而不是它假裝成的樣子。因此，誠實是上策。企業應該擁有自己的特質，並以此為語氣的基礎。

抽絲剝繭，找出品牌的價值觀

下一步是將你的品牌個性提煉成品牌的價值觀。

品牌的價值觀簡單地陳述了品牌的基本事實，並總結了品牌存在的原因、代表的意義，以及它如何幫助客戶。品牌的價值觀是品牌的特徵，應該在品牌的所有溝通中彰顯出來。

有些品牌對自己的價值觀有非常清晰的認識，並且可能已經

在品牌設計規範中記錄下來；其他品牌可能有一個模糊的想法，但沒有寫下來；也有些品牌從未考慮過這些問題。無論你服務的品牌現在處於哪一種情況，你都需要清楚地了解其價值觀，才能設定語氣。

讓我們回到綠葉園藝工具的案例，他們可能會這樣描述自己的價值觀：

熱愛戶外活動	熱愛園藝	不擺架子
重視品質	認真做事	精力充沛
盡心盡力	手工	親切質樸
手巧	勤奮	值得信賴

透過列清單，寫下所有浮現在腦海中的事物，是一個很好的開始，但還需要加強。

其中有些價值觀，例如「盡心盡力」，是相當籠統的。這些描述可能都屬實，但誰都可以這樣說，因此無法幫助品牌脫穎而出。我們可以把它們擱在一邊。其他的價值觀，像是「重視品質」，則是基本條件。它們對綠葉團隊意義重大，但對客戶來說並不是真正的加分項目。畢竟，沒有人想要劣質品。「品質良好」只能算得上是最低標準，所以我們也可以捨棄這些價值觀。

其他價值觀幾乎是重複的，例如「熱愛戶外活動」和「熱愛園藝」，或「不擺架子」和「親切質樸」。它們並沒有太大的差別，

只是同一件事物的不同說法，我們或許可以將重複的部分整合。

總體而言，我們可以將綠葉的價值觀簡化至四個：「園藝」、「值得信賴」、「親切質樸」和「手工」。以下是品牌價值觀的總結：

熱愛園藝
園藝能滋養我們的靈魂。無論是一年中的什麼時候，無論是什麼工作，我們總是在花園裡，用雙手接觸泥土。我們希望其他人也能從園藝中找到同樣的感受。

值得信賴
無論晴天或雨天，我們始終在這裡，就像困難時可以依靠的朋友，或像一個永遠在等待你的花園。

親切質樸
我們喜歡在家裡與家人相伴，分享這一切美好的感覺。

手工達人
我們喜歡動手創作，熱愛製作精美的工具，讓辛苦的園藝工作變得更輕鬆。

品牌不需要過多的價值觀來定義自己。價值觀越多，就越容易重複或自相矛盾。基本上，三到五個核心價值觀，便足以在多元的寫作風格中，定調品牌的溝通方式。

到了這個階段，品牌價值觀應該夠完善了，能對外發表，或透過行銷活動來傳達。需要注意的是，某些價值觀可能不適合高調宣傳。比方說，「謙虛」或「低調」的價值觀，在公共場合反覆強調可能會顯得不一致。因此，**不說**的內容也會反映品牌的價值觀。

塑造品牌語氣,讓價值觀「發聲」

確立品牌價值觀後,下一步是將它們轉化為語氣。這意味著以價值觀為基礎,來描述品牌如何以文字呈現自己。

下面這個表格顯示了你可能還需要考慮的一些特徵。這不是測驗,你只需要考慮適用的部分即可。

我將它們呈現為兩種極端。但其實,它們並不是非黑即白,多半是程度的分別。例如,你的品牌可能有點古怪,但又不至於像喜劇《神奇動物管理員》(*Mighty Boosh*)那樣荒唐;或有些文藝氣息,但又不至於像《咆哮山莊》那樣風格強烈。

品牌是……	還是……
正經	無厘頭
休閒	正式
恭謹有禮	不拘小節
誠摯	譏誚
樂觀積極	低調內斂
溫暖	有距離感
時髦	老派
激進	傳統
實用理性	浪漫感性
世俗	高雅
務實	有想像力

品牌是……	還是……
充滿活力	悠閒從容
權威	叛逆
強硬	含蓄
坦率	靦腆
命令	哄勸
健康純真	縱情享樂
白話	文言

在本書中，我盡量使用最直白的詞語。然而，在談到語氣描述時，有時你要使用比較特別的詞語，來準確表達意思。就好比如果你是要表達「土耳其藍」，使用「藍綠色」或「綠藍色」是沒必要的。例如，你可以說第8章的《經濟學人》廣告「有趣」、「挖苦」或「機智」，但在我看來，最能形容它們的**一個詞**是「譏諷的」。鮮明的品牌個性取決於鮮明的詞語。

你可以回到品牌個性上，用人性化的特質來描述品牌語氣，彷彿品牌是一個人。舉例來說：

年齡	品牌有多少年歷史？ 它是兒童、少年、青年、中年人，還是老年人？
性別	品牌是帶有女性化，還是男性化的特質？是非男非女，還是亦男亦女？

出產地	品牌是否來自特定國家或地區？英語是它的母語嗎？[2]
時代背景	品牌是否與特定時空有關，如維多利亞時代的英國、1960年代倫敦潮流象徵的卡納比街（Carnaby Street），或者1970年代的洛杉磯？

參考某些文化背景、甚至其他品牌，能幫助你以更廣泛的視角，來描述品牌的語氣。例如，綠葉園藝工具的語氣主要結合了《園丁提問時間》（*Gardeners' Question Time*）和瑪莎百貨兩者的風格，既專業實用，又平實可靠。雖然這不算是具體的寫作指導，但可以讓你找到正確的方向。

話說回來，你在品牌定位或風格上做出選擇後，後續要撰寫內容時，有時會變得更困難。比方說，如果你是英國人，你或許聽過並讀過相當多的美式英語，但要實際寫出足以說服使用美式英語者的文字，則是另一回事。只須把人行道寫成pavement，而不是sidewalk，就很容易暴露你的英國背景。

類似的道理也適用於讀者：使用微妙、複雜或暗示的語氣，可能會犧牲部分的易讀性。例如，如果你用英文為法國品牌撰寫文案，說不定認為加入一些法文短語，能帶來法式魅力。但要是讀者無法理解這些詞彙，反而會被視為不夠體貼。

而針對前面幾章中的一些通用建議，你也可能持相反的做法，但這應該是經過深思熟慮的反向操作，而非隨意而為。比方說，如果你想要花俏華麗的風格，可能就不會採用簡潔、有力和

輕鬆的描述風格（見第11章）。假如你的品牌具有強烈的藝術性或文學特質，或許白話文字就不適合（見第10章）。

在做出這些選擇時，請問問自己：是否值得付出「不好懂」的代價，來換取獨特風格所製造的效果？你需要在風格和內容之間找到平衡，確保讀者既能接收到訊息，**又能**領會到傳遞方式的用心。

除了描述語氣之外，你可能還需要制定一些撰寫技巧的指南，說明如何體現語氣。例如：

長度	是否對標題、句子、段落等的長度，有特定要求？
格式	品牌是否偏好或避免特定的文字格式，例如條列式重點、副標題等？
節奏和流暢度	品牌說話的速度如何？聽起來是悠閒慵懶，還是簡潔明快？
文法	品牌是否遵守所有文法規則，還是會在某些情境中做些調整？品牌是否會盡量避免某些文法形式，像是被動語態？
描述方式	品牌會如何描述事物？使用形容詞或副詞的頻率如何？
提及自己和讀者	品牌是否以「我們」指代自己，並稱讀者為「你」？（這通常是最好的方法，見第10章。）
對話語言	品牌是否會使用俚語或創造新詞？品牌是否會使用縮寫？

偏好用語和專業術語	是否有統一的用詞或說法?比如,稱服務對象為「客戶」,或以特定的方式稱呼某些宗教或種族。需不需要加入行業特定的用語?
保留字	是否有某些單字或用語只能以特定方式使用?比方說,「建議」在金融服務中具有特定的法律意義。
禁用詞	品牌是否完全避免某些單字和用語?例如,性別化用語,或將病患稱為「受苦者」。
其他標準	品牌是否遵循第三方標準,例如《芝加哥格式手冊》(*The Chicago Manual of Style*)[3]、哈佛參考文獻格式[4],或《牛津規則》(*Hart's Rules*)[5]?

以下是綠葉園藝工具用其價值觀為基礎,所塑造的品牌語氣:

> 我們的語氣溫暖、務實且親切沒架子。
>
> 我們的品牌根源於英國鄉村,但我們喜歡所有類型的花園,無論它們在哪裡。
>
> 我們的語氣像一位熱情的園丁,大概30到40多歲,帶你參觀她的花園,並分享她的想法和經驗。

價值觀	在文章中的表現方式
熱愛園藝	我們談論戶外活動的體驗，描述季節、天氣、景象、顏色、聲音和氣味。 盡可能用正面的文字，例如說「保持花圃清潔」，而非「除掉雜草」，並以樂觀進取的態度看待園藝工作。 不用貶抑語言，語氣包容，確保小型花園、都市花園或盆栽園藝的愛好者，都可以理解我們所說的內容，並從中獲得價值。
值得信賴	套用一般的公式「A 工具執行 B 功能，可以幫你 C」，來描述工具的作用。 盡可能使用簡單、具體的「操作」類動詞（如「挖掘」、「種植」、「修剪」等）。 避免晦澀的園藝術語，尤其是抽象名詞，像是「刻傷」（scarification）、「繁殖」（propagation）等。如果必須使用這樣的詞語，必須解釋這些術語的意思。
親切質樸	描述家庭情感，如舒適、安全、熟悉、溫暖、歸屬感和團結。 使用輕鬆的「週末風格」文字，而非緊繃的「工作日風格」文字。使用縮寫詞，營造放鬆的感覺。
手工達人	推崇體力活和手工製作，以熱情和尊重的態度談論工具的材料和製作過程。 將品牌的製造工藝與顧客的園藝技藝結合起來。

就跟人一樣，品牌語氣也該隨著情況調整

那麼，如果語氣必須一致，是否意味著你為品牌寫的所有內容聽起來都應該完全相同？

每次品牌說話時，聽起來應該像是同一個人在說話。但在現實生活中，我們不會一直以同樣的方式說話。我們的**個性**維持不變，但會根據情況、交談的對象，有時甚至是自己的感受，來調整語氣。

想像一下，你與銀行預約討論貸款事宜。你到了銀行後，理專熱情地迎接你。之後，她向你解釋不同的貸款選擇。為了確保你能理解，她的態度就像一位老師。而在她詳細解釋條款時，可能會嚴肅起來，幾乎是板起臉來提醒你遲繳的後果。然後在結束會議時，再次以溫暖的語氣收尾。整個會議過程中，專員表現出專業、權威和友善，但根據情境不同，這些特質以不同的方式呈現。

同樣的原則也適用於品牌。品牌的語氣需要根據不同的情況靈活調整，在不同的時刻突顯不一樣的價值觀。雖然品牌可能有既定的語氣指南，但這些規則不該變成束縛，妨礙與讀者的交流。當特定情境需要調整語氣，以達到更好的溝通效果時，應該有足夠的彈性來做出調整。

讓我們回到綠葉園藝工具的案例。在週末報紙的全彩廣告中，品牌可能強調「熱愛園藝」和「親切質樸」的價值觀，搭配家庭花園的迷人圖片。而回應客戶的投訴時，語氣會轉而強調「值得信賴」，表達謙遜和糾正錯誤的意願。畢竟，要是品牌的每句話都聽起來很制式，會使得廣告變得非常無聊，或讓溝通信件顯得非常惱人。

最終，還是要回到同理心（見第3章）。假如你是讀者，收到這樣的訊息或指示，**你會有什麼感受**？從讀者的角度考慮這一點，再結合你想要傳遞的語氣，很快就能找到正確的方向。

8大要點，制定品牌語氣指南

一旦確定品牌語氣，通常會將其記錄在一份文件中，作為品牌的溝通方針。這些指導方針將語氣轉化為清楚具體的內容，讓團隊能夠討論、分享並進一步改善。這些指導方針能幫助所有為品牌撰寫文案的人，在不同專案中保持一致性。語氣指導文件通常是品牌計畫書的一部分，與品牌價值和視覺識別共同構成品牌的整體規範。

客戶可能會向你提供語氣計畫書，來引導你撰寫文案。假設計畫書的內容清晰且連貫，它會讓你在確定文案的語氣時有一個好的開始。

如果客戶沒有書面的語氣指南，或者從未考慮過語氣問題，也不用擔心。你仍然可以根據brief來整理語氣。若客戶喜歡之前的文案風格，你可以在文案中採用類似的語氣。

有時候，語氣是在寫作中培養出來的。隨著你為同一個品牌撰寫越來越多的文案，你就會開始知道它的表達語氣，品牌也開始「聽起來更像自己」。也許你從未將這些規則記錄下來，甚至未曾刻意思考它們，你仍然在不自覺地遵循這些語氣特徵。

你可能還需要為品牌撰寫語氣指南，要寫多少內容取決於指南的用途。如果你只是為了個人使用而做筆記，可以非常簡短。但假如你正在為一個大型品牌撰寫手冊，供許多不同的人參考，則指南或許會長達很多頁。你甚至可能會被要求為品牌的撰稿人員提供指導和培訓。

你的語氣計畫書可能包括以下內容：

- 指南的內容和適用對象。
- 品牌和其特徵的描述。
- 品牌的價值觀及背後故事。
- 語氣的粗略描述。
- 詳細的專業指導，說明如何表現語氣。
- 根據不同的媒體、出版物、通路或情況，語氣應如何變化。
- 該做和不該做的事。
- 提供範例，能附上注解說明更好。

從高貴到活潑，5大品牌語氣範例

以下是五個品牌語氣範例，展示了不同的語氣。

線上會計平台FreeAgent的語氣權威、但友善，富有同理心，大膽的幽默感使它在競爭對手中脫穎而出。以下是其網站上

的彈出視窗：

2016／17年度的自主報稅已上線

現在，你可以早在截止日1月31日前，就向英國稅務及海關總署（HMRC）提交2016／17年度的自主報稅表。

你可能還想拖一陣子，但及早申報意味著，少掉很多1月份常萌生的內疚和嚴重絕望感。

提到人們對整理稅務的反感，讓人不禁莞爾一笑，而出人意料的情感用語也讓訊息更難忘，並使品牌人性化。不過，話說回來，文案仍然清晰傳達出「這是一則值得讀者認真看待的訊息」，而品牌也很鄭重對待此事。

麥克米倫癌症援助機構（Macmillan Cancer Support）有一份非常詳細的語氣計畫書。他們將寫作指引總結為「PISA」原則，即個人化（Personal）、鼓舞人心（Inspiring）、簡單明瞭（Straightforward）、積極主動（Active）。他們還建議要用「有癌症的人」這樣的說法，而不是給他們貼上「患者」的標籤。以下是他們官網上「關於我們」頁面的開頭：

在麥克米倫，我們知道，癌症診斷會影響一切。正因如此，我們在這裡，支持你，幫助你重新掌控自己的生活。無

論是提供財務支援、給予工作建議，或你只是想找人聊聊，我們都會在。

太多公司的「關於我們」頁面，聽起來就像一個無聊的老伯伯在背誦他的回憶錄。麥克米倫完全以讀者為中心，即使在介紹他們的頁面上，「你」和「我們」出現的次數仍然一樣多。根據PISA原則，語句使用簡單、主動的動詞如「知道」、「幫助」和「聊聊」，傳達了麥克米倫的使命，但又避免了企業或第三部門常見的行話（見第10章的「文案，要少用被動語態」）。

奢華腕錶品牌百達翡麗（Patek Philippe）則訴諸截然不同的客群，其語氣也非常不同，聽起來正式、高貴和自信：

> 百達翡麗在鑑賞家心目中擁有無與倫比的聲譽和威望，這不僅僅因為百達翡麗具有非凡的計時傑作和豐富的專業知識，以及精湛的製錶技藝。
>
> 這種無可爭議的至高地位，源自於該公司自1839年成立以來，一直熱衷於將這種登峰造極的藝術付諸實踐。
>
> 這項承諾早已融入公司的十大價值，體現百達翡麗的精髓，並將代代相傳。

繁縟瑰麗的筆法傳達了對細節的專注，這跟製錶公司的形象完全契合。而大量使用名詞來描述，也給人一種「翻譯腔」的感

覺,突顯其瑞士品牌的特色。顯然,傳承和延續是重要的價值——不僅對百達翡麗而言如此,對顧客而言也是如此。

釀酒狗(Brewdog)這家精釀啤酒商的語氣充滿活力、自信,甚至帶點「咄咄逼人」的態度。而這種語氣,是從公司創辦人那裡汲取靈感,聽起來就像是一位年輕、但技術精湛,對釀酒充滿熱情的人,對自己所做的事情堅信不疑。以下是「極限」(即風味非常濃烈)系列產品的網頁文案:

> 想要超越極限嗎?我們喜歡你的調調。我們風味濃烈的極限啤酒採用了精心打造的極致配方,可謂人類或犬類所知的最佳傑作。
>
> 想找到苦味超過人類味蕾(或乳頭)所能察覺的啤酒嗎?你來對地方了。想用充滿石楠花香氣,結合巧克力與烘烤風味,濃郁且層次豐富的蘇格蘭艾爾啤酒,來滿足你對甜食的喜愛嗎?就在這裡。
>
> 柚香(Elvis Juice)、酒花霰彈槍(Jack Hammer)、發燒友(Hardcore IPA)和可可驚魂(Cocoa Psycho)也都是這個系列的產品,它們酒體強勁,且濃郁、美味、誘人,令人難以置信,展現了釀酒藝術的巔峰。
>
> 請造訪我們的酒吧或網路商店,了解更多資訊。慢慢來,細細品嘗。好好享受吧!

有些產品描述只是在描述產品罷了。釀酒狗的文案直接向讀者提出問題和命令，並使用大量形容詞來喚起飲酒體驗（見第10章的「讓每一句文案，都像在對『你』說」和「打開五感，寫出讓讀者身臨其境的文案」）。而文案也體現了釀酒狗對自身釀酒技術的信心與承諾。

最後，零食製造商Golden Wonder的語氣是愉快、活潑和隨意的。包裝上的文案使用對話式語言（見第10章），以品質和口感作為USP（見第2章）。他們甚至使用不少驚嘆號：

> 在 Golden Wonder，我們從烹調方式，到令人食指大動的配方調味，就是要讓每一片洋芋片散發滿滿鮮香！
> 我們嚴選最優質的馬鈴薯，去皮後以葵花油烹煮，直到呈現理想的金黃色澤。
> 接下來就是最美味的部分了。每一包洋芋片都滿溢著令人垂涎的濃郁起司和香甜洋蔥風味，一入口，滋味瞬間衝擊味蕾！

這五家公司的文案展現截然不同的語氣，但都成功實現了本章開頭所提到的三個目標。首先，語氣是**一致**的，每個品牌都有可辨識的說話方式。再來，每個品牌都有以價值觀為基礎、獨特的**個性**，來吸引目標讀者。最後，無論是對抗癌症，還是釀造啤酒，這些品牌都以明確的語氣，傳遞其**價值觀**。[6]

> **實戰練習** **觀察一個品牌的價值觀及語氣**
>
> 選擇一個你熟悉的品牌,例如你最喜歡的飲料、雜誌或服裝品牌。這個品牌的價值觀是什麼?
>
> 查閱品牌的文案內容,例如產品標籤或推文等簡短內容。它的價值觀如何在文案中體現?

Chapter 15

如何面對客戶的「再改一下」?

記住,改稿是針對作品,而不是針對你個人。
你可能投入大量心力在文案上,但現在,你需要與它拉開距離。

文案人的改稿日常

處理客戶的改稿建議,是文案工作的重要環節。你可能會覺得文案切中主旨,但最終需要客戶同意,才能正式使用。因此,在處理客戶的修改建議時,既要理解並回應他們的意見,又不能忽視之前設立的目標。

對「修改與回饋」的應對心態

處理修改意見有兩個層面,一個是實際面,包括調整你的文案,讓客戶滿意,同時也符合brief的目標。但還有情感面,在聽到對自己作品的直接評論時,不會感到緊張或沮喪。如果你在

文案上花了很多心血，或者認為自己的想法強而有力，應該要原封不動地照用，那麼可能會對修改文案抱有抵觸情緒。

因此，請務必記住，**改稿是針對作品，而不是針對你個人**。你可能投入大量心力在文案上，但現在，你需要與它拉開距離。你和客戶站在同一陣線，共同解決問題並改進文案。一旦文案獲得認可，你就可以再次投入文案中。

從客戶的角度看文案

在第10章中，我們討論了從讀者的角度看待事物。處理修改意見時，你需要採取相同的方法，但將角度轉換為客戶。

改稿建議有時會令人沮喪，甚至困惑。但如果你想向前邁進，你就必須滿足客戶的需求，也就是仔細聆聽他們的說法，並理解背後的原因。

請記住：你的客戶正在盡其所能，運用他們所擁有的資源。他們和你一樣希望專案能成功，無緣無故為難你對他們沒有任何好處。

你的客戶可能缺乏與文案人員合作的經驗，所以他們不確定該如何表達意見。如果是這樣，身為專業合作夥伴，你有責任接下這份重任，讓這段創意關係能順利運作。

收到修改意見後,給自己時間和空間去處理

你很難預料到,客戶會提出什麼修改建議。你可能寫出自認為非常出色的文案,但客戶卻要求大幅修改。或者,儘管付出了最大努力,最後你可能還是寫出了你認為馬馬虎虎的文案,但客戶卻很滿意。

因此,投入時間和精力來預測或揣測客戶的修改建議,可能都是白搭。一旦提交了草稿,在這段期間你就可以投入另一個專案,或者乾脆離開辦公室。另外,不要將客戶的沉默解讀成否定,通常這只是因為他們有其他事需要處理。

當收到修改意見時,給自己時間和空間去處理。即使你感到生氣,也不要立即發出反駁的電子郵件。在你做任何事情之前,慢慢地、仔細閱讀建議,這樣你就可以完全理解客戶的回饋內容,並且不會開始糾結於自己**認為**他們說了什麼話,或者你期望他們說什麼話。然後,一旦你正確了解客戶的修改建議,你就可以繼續處理它。

負面偏誤(negative bias)意味著我們對負面回饋的重視程度,遠高於正面回饋。如果你曾經因為別人對你頭髮或衣服的一句批評而耿耿於懷(即使你在同一天得到了很多讚美),你就會明白我的意思。因此,要刻意地接受客戶所說的正面評價。如果他們說「大部分都很棒,但我們只需要一點調整」,請相信他們。

客戶的要求,不等於客戶的「需求」

如果你和客戶都太專注於文案,而忘記了讀者,那麼文案很容易在改稿階段走錯方向。

如同第10章(「小心!別只顧著迎合客戶」)和第11章(「為了讓文案切中要點,要『除掉你的寶貝』」)提到的,文案的目標受眾是讀者,而非你或客戶。

正如你不應該單純基於個人喜好就提出文案一樣,客戶也不應該只是因為喜歡你的文案就批准。相反的,你們都應該同意文案符合brief,並且能吸引讀者。甚至可能你們都**不**特別喜歡這份文案,但你們仍然都認為它適合這個專案。

改稿建議也應該接受同樣的測試。如果你抗拒客戶的修改要求,花一點時間問自己:「我想保留這份文案,是因為我相信它會成功,還是只是因為我喜歡它?」

另一方面,你的客戶不應該只是因為不喜歡而否決文案。你應該要求他們根據讀者和brief的角度,來評估修改的合理性,而不是出於個人品味。顯然,這會有點尷尬,而且他們最終可能會否決你的決定。但從長遠來看,行銷活動是為了讀者,若完全迎合客戶的品味,終究對客戶不利。

不想讓文案白改？先搞清楚這件事！

在開始修改文案之前，先確認客戶的改稿意見是否符合原本的 brief。如果變動過於劇烈，以至於將專案推向全新的方向，可能出現以下兩種情況：一是打從一開始，brief 就有問題；二是專案期間出現新的見解，意味著 brief 需要更新。

這不是世界末日，只要你現在修改 brief，並確認客戶對新方向非常滿意即可。不要自行修改 brief，誤以為只要修補一下文案，就能順利成功。要先與你的客戶談談。

請客戶提供範例，縮短認知差距

有時，客戶即使參考了 brief，也很難表達他們的需求。因此，他們會說「等我看到時，就會知道」。但如果按這種方法操作，你最終會提交一份又一份的草稿，直到偶然找到正確的答案——如果你真的能找到的話。

相反的，請客戶提供他們認為優秀的文案範例。畢竟，如果他們能夠在你的文案中識別出哪些內容有效，他們也應該能夠在其他人的文案中辨別出有效的內容，這樣可以在過程中節省大量的時間和精力。

當你看到範例時，務必詢問客戶到底喜歡哪些部分，也許情況不是你所預期的。如果客戶提供的範例看似互相矛盾，你可能

需要回去再次討論 brief。或者,你可能需要(溫和地)向客戶解釋,一份文案不可能面面俱到,也無法吸引所有人群。

任何修改,都應該是有道理的

當你花了大量時間和精力,產出一份草稿後,要接受修改意見並不容易。然而,如果客戶的改稿建議符合 brief 的方向,也能提升文案效果(或至少不會讓文案變得很糟),還是要接受改稿。

有時候,你可能會仔細評估客戶的建議,但最終還是決定不改稿。以下是你可能這樣做的原因:

- **嚴格來說是錯誤的**。如果客戶的修改會導致拼字、文法或用詞上的錯誤,並且沒有充分的理由,那麼你應該拒絕。你通常可以找到權威的線上資源來支持你的觀點。
- **違反 brief**。正如我們所討論的,萬一客戶的修改意見跟 brief 有衝突,你必須拒絕修改,或重新考慮 brief 本身。
- **有損文案的效果**。即使符合 brief,修改仍可能損害文案的效果,例如:破壞隱喻的力量(見第8章)、打亂節奏(見第11章)或削弱說服力和心理策略的效果(見第12和13章)。假如客戶不常為自己的品牌寫文案,他們提的修改意見恐怕會與品牌語氣不符(見第14章)。如果是這

樣，你需要慎重委婉地向他們解釋，如果你按照他們的建議修改，為什麼文案效果會不佳。
- **過度修改**。閱讀文案幾次後，很容易因為過於熟悉、而忽略了文案原本的效果，並希望它發揮更多效用。抱持這種想法的客戶可能會要求你涵蓋更多的特色或利益，為論點添加更多細節，或吸引更多的讀者。不過，儘管他們希望加強文案，卻可能削弱文案的力量。你需要幫助他們以初次閱讀者的眼光來審視文案，並指出清晰簡單的資訊所傳達的力量。

另一方面，若你要阻止客戶的改稿，請務必向他們解釋你的理由。要是他們仍然不同意你的觀點，你必須決定要反駁，還是讓步。客戶聘請你，不是要你來爭論的，但他們也不是付錢給你來聽錯誤的建議。有些文案寫手會因為逗號放錯地方而拼死堅持，有些文案寫手只要大方向看起來沒問題，就一切好說。決定權在你手上。

逐步解決，讓改稿更有系統

一旦確定了要採納哪些修改回饋後，就開始編輯。如果客戶提供了修改清單，請印出來，逐項勾選完成的項目。假如你拿到有追蹤修訂的 Word 文檔，請逐一處理並檢查變更內容。這會給

你一種取得進展的好感覺。

在 Word 文檔中加入註解是很好的方法,可以讓你在客戶閱讀時,即時向他們解釋你的想法。你甚至可以在第一稿就這樣做。當然,回應客戶的改稿意見時,詳細解釋修改或不修改的理由,也是一個好主意。在之後電子郵件中補充解釋是可以的,但訊息很容易散失(尤其電子郵件在多人之間寄來寄去時)。

另一方面,不要在同一個文案文件上修改而不留記錄。最起碼要保留寄給客戶的每一個版本,這樣就能追溯修改歷程,以及你如何回應改稿建議。若使用共用文檔(如 Google 雲端硬碟或 Dropbox),建議備份離線版本,以供自己參考。

假如你想嘗試新構想,可以先另存一個獨立版本,然後在這個版本上進行操作。如果後來發現這個方向可行,那就太好了。但萬一這是一條死胡同,你也可以回到原來的構想,沒有損失。或者,如果你需要大幅刪除內容,請建立一個「垃圾」文件,把你刪除的部分存入裡面,供未來需要時使用。

Chapter 16

掌握心法，不管寫哪種文案都上手

以下是針對不同類型文案的寫作建議與實用技巧，幫助你做出正確的選擇。

熟悉不同的文案類型，不怕寫不好文案

本章針對你可能接手的主要文案類型，提供了相關建議。雖然歸納了一些規則與注意事項，但更多是引導式建議。畢竟，每個品牌和產品都不盡相同，請使用這些技巧來幫助你做出正確的選擇，而不是一味遵循。

網頁文案：好的規劃，讓讀者在網站互動更久！[1]

- 確保每個網頁都有明確的主題或目標。拆分過於複雜的網頁，合併內容重複的網頁，刪除沒有實際用途的網頁。
- 下一個能清楚傳達重點的標題（見第5章），解釋網頁的

用途,讓讀者和搜尋引擎都能快速理解頁面目的。
- 針對B2B服務網站,確保訪客了解網站的目的。請記住,訪客可能從任何頁面(而非首頁)進入網站,尤其是透過Google。
- 即使人們確實到達了首頁,他們未必按順序瀏覽網站的所有頁面。每個頁面應盡可能獨立運作。如果頁面之間**適當**的重複內容有助於讀者理解,那麼重複是可以接受的。
- 在頁面中,訪客可能會略讀或快速捲動頁面,建議使用副標題和小節來區隔內容。請下一個具說服力、能清楚說明內容的副標題,避免過於抽象的「吊胃口」標題,應直接了當(見第5章的「懸念型標題:激發讀者的好奇心」)。
- 不要一寫就落落長。思考如何用副標題、欄、項目清單、表格、摘錄內容和其他視覺方法,將文字分隔開來(見第6章的「好的圖文設計,是抓住眼球的最佳利器」)。這對於精選案例等篇幅較長的內容尤其重要。
- 考慮版面設計。如果你不使用線框稿(排版草圖),可以在文件中運用表格與字型樣式,架構出基本的版面配置,以便清晰地向他人展示你的構想。
- 提供資訊時,使用像樹狀圖(見第6章)這樣的架構,讓快速瀏覽者能一目了然地掌握最重要的內容。樹狀圖架構適用於單一頁面內不同主題內容的區塊,也可用於網站中特定主題的子頁面。

- 避免冗長的內容，並考量網頁在手機和平板上的顯示效果。對於許多網站來說，每個段落寫一到兩句即可。如果符合品牌特性，還可以使用簡短有力的文字片段（見第11章的「如何讓文案力量十足？大膽命令對方吧！」）。
- 頁面的長度應足以滿足其必須完成的任務，並提供讀者所需的資訊。例如，首頁應介紹品牌，並引導讀者前往下一步他們想去的地方；產品頁面應告訴讀者他們需要知道的產品資訊，並說服他們選擇該產品；案例分享或操作指南則需提供讀者大量細節，讓他們獲取更多資訊。
- 描述產品或服務時，從讀者的視角出發，使用具體的語言，並喚起使用產品的體驗（所有內容均在第10章中介紹過）。
- 對於商業網站，你可能需要在多數頁面結尾添加CTA（例如「聯絡我們」、「立即預訂」、「選購產品的款式」等，見第7章）。由於網站的設計讓讀者可自由探索內容，不受限於特定的瀏覽路徑或順序，建議將CTA置於明顯的位置，像是頂部導覽列或側邊欄。
- 針對大型網站，可以加入輔助的CTA，引導讀者至相關頁面。仔細思考讀者的下一步需求，然後把他們引導到網站的正確位置。比方說，可以在頁面結尾加上「繼續閱讀……」的連結，或在側邊欄設置「相關頁面」或「你可能也喜歡」的連結。

- 連結放上能清楚傳達資訊的文字，如「查看我們的產品系列」、「聯絡我們」等。這可以幫助讀者了解點擊後會獲得的內容，也有助於提升SEO效果。

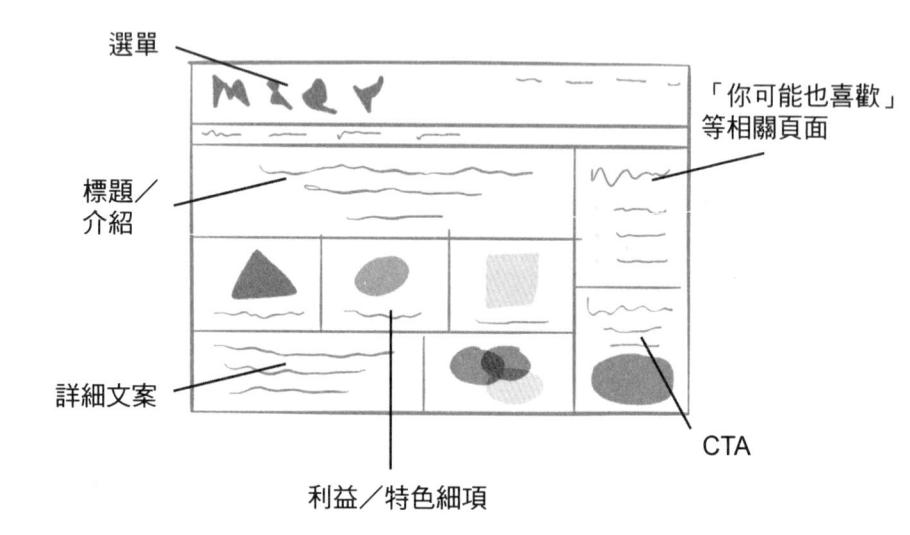

```
選單
標題／介紹
詳細文案
利益／特色細項
「你可能也喜歡」等相關頁面
CTA
```

「線框稿」，即網頁的排版草圖。在撰寫文案時，建議使用 Word 中的表格，來架構出文案的版面配置

聲音和影像腳本：清晰明瞭是王道

這些要點適用於廣播廣告、介紹型影片、解說影片，以及其他需要以口頭、而非印刷方式傳遞的文案內容。

- 確認最終媒體內容的時長（如30秒、2分鐘等），並估算需要撰寫的文字數量。正常語速約為每分鐘150至180個英文單字，但不同的情緒可能需要不同的節奏（見第11章的「不同類型的文案，適合什麼樣的節奏？」）。另一方面，這些媒體內容中，不一定從頭到尾都要有旁白或對話。

- 將文案分為兩欄排版，左欄記錄要說的內容，右欄記錄其他相關資訊（像是音效、畫面上出現的元素、圖像等）。

- 在每一行中寫下一個句子，並標注由誰來說這句話（例如，螢幕上的解說員、配音旁白、角色），以及伴隨的視覺內容。

- 使用通俗易懂的語言和短句，盡可能地清晰明瞭（見第11章的「寫文案，能簡則簡，能精就精！」）。請記住，你的「讀者」是在用聽的，他們看不到你寫的文字，如果錯過了某些內容，就無法重聽。他們可能只會聽到你的訊息一次，因此他們需要第一次就能明白內容。

- 你的開場白至關重要（見第6章的「6大技巧，寫好文案開頭」）。可以考慮提供產品利益（見第2章）、提出問題（見第6章）、討論受眾的情況（見第3章），或採用創意的表達方式（見第8章），從一開始就吸引讀者的注意力。

- 思考如何用講故事的方式，來呈現文案（見第10章的

「壞文案講道理，好文案說故事」）。故事不僅適合閱讀，用觀看和聆聽方式的效果更佳。哪些與產品相關的事件或經驗，是你可以寫進故事的？你還可以探索哪些不同的觀點（見第8章的「從客戶見證到毛孩心聲，『換個視角』效果更驚人」）？

- 對於大多數專案，你需要配合聽眾的語言，使腳本聽起來像是對話（見第10章的「讓文案直白又有關鍵字，搜尋引擎也會愛上它」）。然而，腳本也應該保持品牌的語氣（見第14章），讓它聽起來像是品牌會說的話。

- 為了讓腳本更具吸引力，直接稱呼聽眾為「你」（見第10章的「讓每一句文案，都像在對『你』說」）。

- 考慮視覺內容和聲音的搭配。文案應該與螢幕畫面或配樂互相配合，共同傳遞一個完整的訊息。有時，你可能根本不需要描述、解釋或評論螢幕上的動作（見第8章的「一張圖像，勝過千言萬語」和「讓文案『暗藏玄機』，引爆解謎快感」）。

- 對於較長的資訊影片，可以使用螢幕字幕或提示，來強調關鍵重點，或用「副標題」標示新段落的開始。請確保口語和書面文字一致，這樣人們就不會聽到一件事，而看到的又是另一件事。

- 解釋複雜概念時，考慮使用動畫等視覺工具，讓概念可以更清晰地呈現。即使是簡單的流程圖、時間表或圖表，也

可以幫助人們更輕鬆地掌握各個環節和相互關係（見第6章的「好的圖文設計，是抓住眼球的最佳利器」）。如果你有用到隱喻（見第8章），不僅可以用語言描述，還能透過視覺方式把它呈現出來。

- 想一想除了解說員之外，還有誰可以說話。故事中的角色能說話嗎？甚至整個故事是否能完全透過他們對話來述說？專家能否發言，增強權威性（見第12章）？顧客能否發言，分享他們的正面體驗？

- 大聲朗讀你的腳本，或請其他人代為朗讀。文案是否以一致的速度推進？節奏是否自然流暢？你能透過押韻，讓腳本變得更悅耳嗎？（見第11章的內容。）

- 最後可以考慮用一個標語，來總結整個訊息或價值主張，和／或用CTA（見第7章）結尾，明確告訴觀眾接下來該做什麼。

銷售信函：勾起潛在客戶的興趣，進一步互動

這些要點也適用於登陸頁面和其他單獨呈現的較長文案，目的在於引導訪客從最初的興趣，轉化為購買或詢價。[2]

- 如果可以，在信開頭的稱呼語中，直接使用讀者的名字（例如，「親愛的珍妮」）。在信件中，使用「你」來稱呼

讀者,並使用「我們」或「我」來代表品牌,營造個人化溝通的感覺。

- 花時間確保標題能吸引讀者注意,因為它是信件中最重要的部分(見第5章)。如果標題無法引人入勝,那麼信件的其他內容就毫無意義。嘗試寫出幾個標題選項,然後選出最好的一個。要是找不到合適的標題,可以先撰寫信的主體部分(見第6章的「先寫中間內容,往往更輕鬆」)。
- 標題的目的,是告訴讀者你正在與他們對話,提出問題或解決方案(見第6章的「『提供問題的解方』,是架構文案的可靠方法」),並提及產品的主要利益。
- 盡可能讓你的開頭生動且引人入勝(見第6章的「6大技巧,寫好文案開頭」)。表明你了解讀者的處境和感受(見第3章)。從多個角度描述他們面臨的問題,並準確解釋為什麼這對讀者來說是一種挑戰。(如果你正在爭取對某個公益事業的支持,請描述該慈善機構幫助的人,所面臨的困境。)
- 點出問題所在。討論如果讀者不採取行動,或維持現狀,可能會面臨的後果。運用「稟賦效應」(見第13章),指出若讀者什麼都不做,他們會失去什麼。
- 接下來,介紹解決問題的產品,解釋它的利益(見第2章),以及它如何全方位解決之前提出的問題。談論產品如何幫助其他人(見第12章的「社會證明原則:『700萬

人不會錯！』」），如果可能的話，附上使用者見證，引入其他人的說法，來支持你的觀點（見第6章的「對象不同，情境不同，訴求也不同」）。

- 如有必要，建立自己的信譽，讓自己成為可以談論產品的人，可以運用好感或權威原則（見第12章）。
- 如果你需要談論價格，請將其置於有利的背景脈絡中（見第13章的「價格不是數學，而是心理學」），使價格看起來不那麼可觀。解釋產品的價格能提供多少價值，例如省下費用和時間、不用再去購買其他商品等等。如果可能，用具體的金額來量化這些價值，讓產品看起來是一項有回報的投資。
- 處理讀者可能的反對意見，減輕他們對購買、捐贈或回應的焦慮（見第12章的「無論你銷售什麼，最終賣的永遠是安心」）。回想一下讀者的需求與感受（見第3章的「『讀者的需求又是什麼？』挖掘渴望」和「『讀者有什麼感受？』引發共鳴」），並利用這些資訊使他們的渴望壓過反對意見。
- 透過CTA，要求讀者購買（見第7章）。清楚告訴讀者接下來該做什麼，並讓他們知道這個行動輕鬆又簡單（見第7章的「要讓讀者覺得，『這真是快速又簡單！』」）。如果可以，提供額外服務、折扣、免費試用和退款保證，以促使讀者行動。

- 可以在信件結尾添加PS，重申產品的主要利益和CTA。
- 對於較長的信件，使用小標題來區隔內容。運用與主要標題相似的技巧，如激發好奇心、提出問題或解釋（見第5章），讓小標題也能吸引讀者注意。
- 運用如「原來」、「更重要的是」、「事實上」或「這就是為什麼」等連接詞和短語，幫助讀者順暢地從一個段落閱讀到下一個段落。
- 請記住，讀者往往會快速瀏覽信件，並抓住突出的內容，像是標題、粗體字、條列式重點、說明文字和PS。盡量使這些元素有效推銷利益，同時引導讀者進一步互動或提供他們需要的資訊。

電子郵件文案：目標是，讓讀者期待點開你的信

這些技巧適用於任何你想讓讀者採取行動的電子郵件。這些行動包含，購買、造訪網站、與公司聯繫等等。

- 了解你的目標（見第3章）。一定要清楚知道你的讀者是誰，以及你希望他們採取什麼行動。你的目標清單界定了讀者的基本資料。找出他們的需求、你要如何幫助他們，以及他們下一步需要做什麼，掌握這些資訊，讓你的文案不跑題。

- 主旨非常重要,因為它決定了電子郵件是否會被打開,遑論讀信了。把主旨視為標題來處理(見第5章)。
- 主旨若涉及利益(見第2章)、最新消息(見第5章)、特別優惠(尤其是限時優惠,見第12章的「稀缺性原則:最大的過錯,是錯過」),或社會證明(見第12章),效果可能會不錯。目標是讓讀者期待點開你的信,獲得其他地方沒有的獨到內容
- 製造懸念、引發好奇心的主旨要謹慎使用(見第5章)。人們通常在閱讀電子郵件前,就想知道它的主要內容,因此清晰直白的描述通常更有效。專注於轉換最有可能的潛在客戶(見第3章),而不是試圖吸引過於廣泛的受眾。
- 如果你想引發讀者的好奇心,可以使用「如何」、「怎麼做」、「什麼」或「為什麼」開始的句子,承諾提供有價值的知識,或敘述一個人物故事,也許是某人使用該產品的經歷(見第10章的「壞文案講道理,好文案說故事」)。
- 在主旨中加上色彩繽紛的表情符號,能讓電子郵件在眾多郵件中脫穎而出,但需確保符合品牌語氣(見第14章)。此外,表情符號與產品直接相關時,效果最佳,而不僅僅是引人注目的星星或笑臉符號。
- 如果可能,在電子郵件的稱呼中使用讀者的名字(例如,「親愛的保羅」),也可以在主旨中加入名字。

- 成效最好的電子郵件,來自於我們認識並喜歡的人。同理,請以一對一的方式與讀者交流,採用日常語言,就像在寫信給朋友或同事(見第10章的「讓每一句文案,都像在對『你』說」、「『如果看起來像在寫文章,我就會重寫』」、「你怎麼聊天,就怎麼寫文案」)。還有,寫出同理心,來表示你理解讀者,但要拿捏分寸,避免流於煽情(見第3章的「『讀者有什麼感受?』引發共鳴」)。
- 站在讀者的角度,想像讀者收到這封電子郵件的情形(見第10章的「從讀者的處境出發,讓他們在文案中找到自己」)。這封郵件能帶來什麼價值?它能解決什麼問題?為什麼它會引起興趣?
- 在電子郵件中,簡短的文案通常比冗長的文案更有效,因此務必控制長度。隨著越來越多的讀者使用行動裝置,他們在打開郵件前通常只能看到主旨和正文開頭的幾個字,因此快速切入重點尤為重要。
- 不要浪費讀者的時間重述他們已經知道的事(見第6章的「用『認知5大階段』,找到最精準的溝通切角」)。如果使用問題/解決方案的方式(見第6章的「『提供問題的解方』,是架構文案的可靠方法」),務必簡明扼要地提出問題(一小段或一句話即可),然後直接切入產品的利益。
- 寫作時要力求緊湊流暢,不拖泥帶水,並以線性的敘事方

式呈現內容,不要兜圈子。也就是說,要單刀直入,直奔主題:先提出問題,給出解決方案,說明利益,提供證據支持,最後加上CTA。就像撰寫銷售信函一樣(見上文),使用連接詞將讀者從一個句子吸引到下一個句子,並保持他們的注意力。

- 善用設計優勢(見第6章的「好的圖文設計,是抓住眼球的最佳利器」和第8章的「一張圖像,勝過千言萬語」)。但請記住,有時候純文字電子郵件也同樣有效,甚至更能避免被過濾器篩檢成垃圾郵件。好的純文字電子郵件相當於精心撰寫的信件。

- 電子郵件中應包含一個清晰簡短的CTA(見第7章),並確保它在設計中突出顯示。由於CTA通常是一個連結,因此務必檢查登陸頁面的內容是否與郵件邏輯銜接,以便延續與讀者的對話。減少點擊步驟,例如直接連接到產品頁面,而不是讓讀者跳轉到首頁。

- PS是重申關鍵利益並結合稀缺性觀點的理想位置(見第12章)。然而,這可能不適合每個品牌或每種設計。

- 使用A/B測試來找出最有效的方法。比方說,電子報行銷平台MailChimp可以自動測試不同的主旨或內容,從數據中優化效果。[3]

展示型廣告：吸睛的圖文，讓廣告有 1+1>2 的成效

這些指南適用於任何以固定大小格式呈現文字和圖像的廣告，例如報紙廣告、海報、線上橫幅廣告等。

- 在開始之前，務必整理好 brief（見第4章）。由於篇幅有限，你需要明確你的目標受眾、提供的價值，以及核心利益是什麼。
- 試圖涵蓋太多內容會削弱廣告的影響力。選擇一個主要利益，並專注於此。
- 為廣告選擇一個創意角度（見第8章），可以是獨特、有情感或幽默的方式。確保這個創意既能回應 brief，又能有效銷售產品，同時突出主要利益。
- 投入時間設計標題（見第5章），並嘗試不同版本。標題應表達主要利益，概括創意概念，和／或激發讀者的好奇心，讓他們願意繼續閱讀。
- 思考是否可以單靠標題來實現目標，或需借助圖像的力量。而你選擇的圖片，是要能呈現出文字無法傳達的內容，反之亦然。畫一張示意圖或草圖，幫助你理清圖像、標題和文案正文如何協同運作（見第8章的「一張圖像，勝過千言萬語」）。
- 撰寫正文時，考慮以讀者的情境或觀點作為開場，然後引

導他們進入你想傳遞的內容（見第10章的「從讀者的處境出發，讓他們在文案中找到自己」）。

- 透過講故事、採取不同的觀點、提供問題的解決方案或逐步引導，讓正文更具吸引力（見第10章的「壞文案講道理，好文案說故事」，以及第6章的其他技巧）。
- 每個句子應該傳遞一個獨特的觀點，避免重複（見第11章的「寫文案，能簡則簡，能精就精！」）。
- 文案長度應足以完成溝通目標，但不能超出必要篇幅（見第11章的「短文案好，還是長文案好？」）。
- 避免執著於那些實際上會妨礙廣告效果的想法、圖像、詞語或文字遊戲（見第11章的「為了讓文案切中要點，要『除掉你的寶貝』」）。
- 不妨在正文結尾處回歸主題或創意概念，為文案在高潮時畫下完美的句點，避免草草收場。
- 提供簡單明確的CTA（見第7章），告訴讀者下一步該做什麼，除非這已經非常明顯。

印刷品文案：文案的可讀性，在於結構

這些指南適用於多頁印刷品，例如傳單、小冊子、目錄和指南等。

- 首先,以字數為單位,估算出文案的目標長度。印刷品專案需要在格式選擇、印刷成本和頁數之間取得平衡。由於印刷費用往往占最大成本,客戶可能會預先選定一種格式,例如:A5大小、16頁、封面與內頁用紙相同的小冊子,並以此作為專案方向。根據這種格式,你可以估算出文案篇幅。
- 或者,你也可以先撰寫所有必要內容,再根據內容計算所需頁數。但在文案獲得批准前,印刷成本可能無法確定。對於大多數商業專案而言,根據需求撰寫文案通常是最好的方法。(如果文案以PDF等數位格式發布,那麼篇幅長度可能就不會是問題。)
- 別忘了留白,並預留圖片、照片的空間。如果可能的話,與設計師協作,了解每頁預計可容納的文字數量。若已有版面設計範例,請參考該範例進行規畫。
- 除了主要內容外,還應考慮是否需要補充材料,例如簡介、目錄頁、版本資訊、聯絡方式、版權聲明、圖片來源等。此外,記得封面內頁、封底內頁及封底外頁,也是可用版面。
- 如右頁圖所示,逐頁或跨頁規畫文案。(跨頁指左右相鄰的兩頁。)大多數小冊子和目錄會在新頁面開始新的章節內容。如果採用跨頁設計,盡量從左側頁面上開始新的章節。

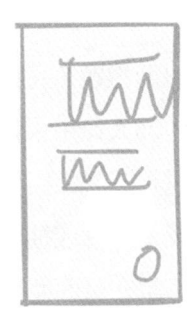

封面

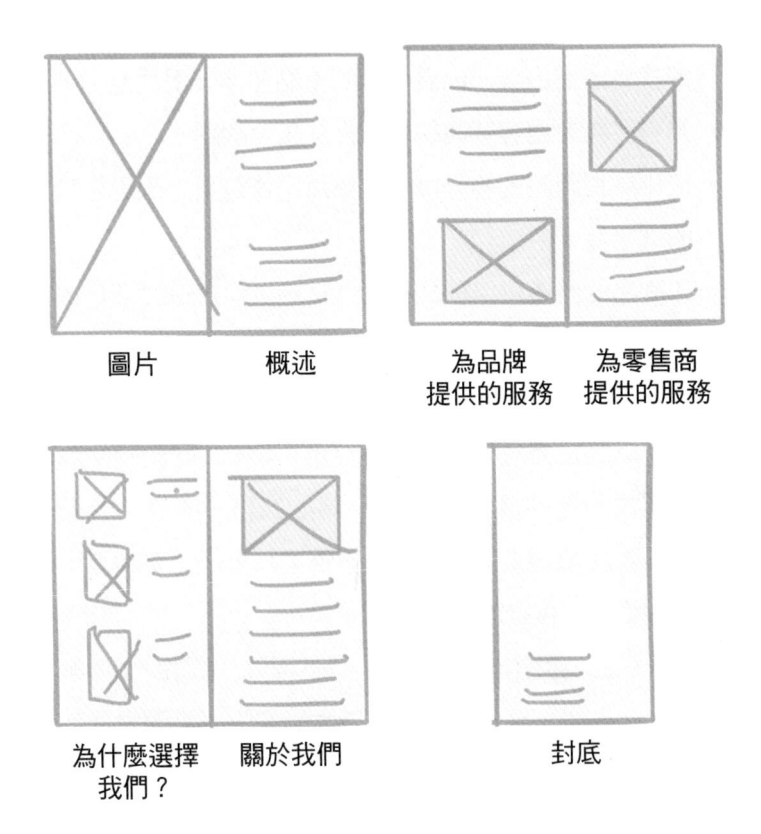

圖片　　　概述

為品牌　　　為零售商
提供的服務　提供的服務

為什麼選擇　關於我們
我們？

封底

逐頁規畫一本8頁的小冊子

- 為小冊子設計一個封面標題，可以是簡單的描述，但並不一定。另一方面，內部人員用來稱呼這個項目的詞語，未必適合作為正式標題。
- 如果標題偏向於情感、創意或抽象的表達，而不是直接說明內容的具體描述，請在封面使用副標題，清楚說明小冊子的用途。
- 內頁的每個版面都應設有清晰的資訊型標題，方便讀者快速找到所需內容。內頁標題的重點並非吸引注意力，因為讀者已經對內容感興趣，才會拿起來翻閱。
- 使用副標題將內容分段，避免每頁或跨頁上出現過於冗長的文字塊。
- 印刷品的段落可以稍長於網路文章，但每個段落仍應聚焦在一個要點或主題上。注意，若印刷版面（欄寬）較窄，長段落可能在視覺上顯得「過高」。
- 思考以其他方式呈現資訊（見第6章的「好的圖文設計，是抓住眼球的最佳利器」），諸如表格、圖表、流程圖和時間表之類的工具，在紙上的效果都很好，讓讀者可以細細閱讀並反覆推敲。
- 關於封面及整本刊物的內容，請與設計師討論文字與設計的結合方式，確保你的文案概念能在版面設計中得到充分體現。
- 與網站的數位內容不同，印刷品一經印製便無法修改。尤

其是針對那些篇幅較長的多頁印刷品，在送印前務必經過校對人員的細心檢查（見第11章的「檢查，檢查，再檢查」）。

社群文案：讓你的貼文充滿生活感和吸引力

這些準則適用於X和臉書等社群媒體平台上發布的短文。

- 始終顧及讀者的處境（見第3章）。讀者上網並非特意尋找公司的贊助貼文或最新動態，他們沒有要求看到你的內容，即使他們關注了官方帳號或點讚了頁面，也未必會關心品牌發布的所有資訊。
- 特別是在X上，要把推文視為「標題」（見第5章）。推文需要確立主題、提供利益、引人入勝、提出問題，或帶給讀者新的資訊。
- 使用命令式語句（見第5章）加上超連結，能夠形成強有力的CTA（見第7章）。
- 如果你要連結到其他內容，請謹慎運用「好奇心」誘導。人們喜歡在點擊之前，就知道自己將進入的內容。無論連結指向的內容是什麼，都應該符合貼文中承諾的事物。
- 你是獨自撰寫貼文，但讀者看到的卻是數百篇文章中的一篇。為了讓你的文章抓住讀者眼球，內容應盡量簡單明瞭

（見第11章的「寫文案，能簡則簡，能精就精！」）。
- 善用短句（見第11章的「如何讓文案力量十足？大膽命令對方吧！」）。這能幫助縮短文字篇幅，同時不影響資訊的傳遞。
- 臉書貼文的篇幅可以比推文長，但這並不意味著可以「冗長拖沓」。篇幅長短應該根據你想傳達的訊息來決定（見第6章的「用『認知5大階段』，找到最精準的溝通切角」與第11章的「短文案好，還是長文案好？」）。
- 提供價值。你或客戶可以向讀者提供哪些知識或建議，來幫助他們？又該如何給他們一個分享你的貼文的好理由？
- 讀者向你購買產品前需要了解什麼？（見第6章的「用『認知5大階段』，找到最精準的溝通切角」。）你如何向他們提供所需的資訊，又不讓人感到被強迫推銷？
- 視覺內容往往更容易被轉發，因此可以考慮圖像化的呈現。除了圖片外，更有效的方法是用圖表、資訊圖表、漫畫或類似的形式，以視覺化方式呈現內容。（見第6章的「好的圖文設計，是抓住眼球的最佳利器」和第8章的「一張圖像，勝過千言萬語」。）
- 確保視覺內容和圖像中出現的文字與貼文中的文字一致，讓整體感覺像是同一訊息的不同部分，而不是在平淡或無意義的圖片上，隨便加個標題。
- 要有吸引力。用讀者熟悉的語言與他們對話，並站在他們

的角度看待問題。使用具體、正面和充滿行動力的文字，多用動詞，少用名詞（相關技巧見第10章）。

- 探索更具創意的方式來表達訊息，使用第8章中的一種或多種方法來豐富你的內容。

- 雖然社群媒體風格隨意，但犯錯仍會損害品牌形象。在發布內容之前，仔細檢查是否有錯字（見第11章的「檢查，檢查，再檢查」）。

- 如果你想跟風時事話題或文化事件，以趣味哏來吸引讀者（見第8章的「借助趣味性，讓文案牢牢抓住讀者的興趣」），要認真問問自己：你能提供有用、有趣、令人愉悅或具洞察力的評論嗎？如果做不到，跟風的貼文可能弊大於利。

- 想想人們在動態消息中，還會閱讀到哪些內容。重大事件發生後，表示敬意的靜默，往往是最明智且最安全的選擇。不恰當的用詞，尤其是在錯誤的時機（如將嚴重缺失描述為「大型車禍現場」），可能引發極大的反感。品牌或產品引發討論是一回事，對涉及真實人物生活的事件發表爭議性評論，則完全不可取（見第8章的「為你的文案投下『震撼彈』」）。

- 如果你想運用幽默感，請選擇安全的話題，並確保你所寫的內容真正有趣（見第8章的「活用七宗罪、幸災樂禍心理……讓你的文案有料有笑」）。試著創造只有你（即品

牌）才能開的玩笑（見第8章的「聰明跟風，搭上流量順風車」）。

- 思考品牌在社群媒體上的語氣（見第14章）。社群媒體內容可以是品牌最輕鬆的一面，但依然要保持一致的語氣，讓人感覺像同一個「人」在說話。如果縮寫或表情符號等元素不適合品牌形象，就不要使用。最成功的社群帳號能將品牌在其他渠道（主要是廣告）中建立的形象，轉化為適合社群媒體的風格。

結語

最好的文案,就是屬於你的文案

　　這本書即將迎來尾聲,希望你覺得我的建議對你有所幫助。但如果你已經讀完了全部的內容,可能會注意到我的建議並不見得完全一致。

　　例如,在第10章中,我提到應該使用簡單、具體的日常語言。然而,在第8章中,我稱讚了一則健力士的廣告,它的語言風格並不像對話,聽起來更像是一首詩。

　　在第8章,我談到原創性會讓文案更令人難忘,也更具力量。但到了第10章,我又提到,耳熟能詳的短語,可能是觸及讀者最有效的方式。

　　在第14章,我展示了一些品牌的獨特語氣,而它們的風格有些甚至完全違背了我之前的建議。

　　那麼,哪一個才是正確的?

　　這就取決於你了。儘管我已經盡量讓這本書的內容簡單明瞭,但文案寫作並沒有「一招打遍天下」的公式。

在每一項新工作中，你都必須為客戶、產品和專案選擇合適的寫作策略。另一方面，你也要評估，什麼樣的內容、文案風格，以及鎖定哪一類的目標讀者，是你擅長的。

你可以是天馬行空、充滿創意的品牌文案達人，也可以是重視成果，用文字賣東西的銷售高手。你可以把文案寫作視為一門藝術，也可以將它看作行為科學。你可以迷戀文字的美妙，或者專注於尋找偉大的創意。你可以精心創作長篇文章，或打造字字珠璣的微型文案。你可以成為某一領域的專家，也可以成為全方位的文案寫手。未來，你甚至可能必須決定是與 AI 合作，還是捍衛傳統的人類寫作，抵抗機器的崛起。

做出的選擇越多，你就越能找到屬於自己的方向，也越能建立自信。漸漸的，你會明白自己想成為什麼樣的文案寫手，並逐漸成為那個模樣。有一天，你回過頭看時，會驚訝於自己已經走了這麼遠的路。

我把筆交到了你的手上，接下來的空白頁面要寫什麼，就看你了。

致謝

非常感謝喬安娜・提柏（Joanna Tidball）、凱文・米爾斯（Kevin Mills）和李・瓊斯（Liz Jones）對本書的寶貴意見，也感謝立夫・肯德（Leif Kendall）、凱特・特恩（Kate Toon）、戴夫・卓特和凱瑟琳・威爾曼（Katherine Wildman）慷慨支持本書的創作。

特別感謝歐莉（Ollie）和蕾貝卡（Rebecca）提供精彩的插圖，以及卡琳（Kaarin）的精美設計。

這裡向所有過去與現在的客戶致謝，感謝你們對我工作的支持，並幫助我不斷提升技能。

同時，感謝 X 上的朋友，你們的熱情、智慧和幽默讓我受益匪淺，也讓我學到許多關於文案寫作的反思與範例。

最後，感謝媽媽為我架起人生的橋梁，爸爸為我指引方向，以及凱倫（Karen）、阿黛爾（Adele）和佛萊迪（Freddie）的愛與支持。

注釋

前言　從0到1，掌握文案寫作的策略與心法
1. *Changing the World Is the Only Fit Work for a Grown Man* by Steve Harrison, Adworld Press, 2012, p. 52.

Chapter 1　好好了解你的產品
1. 見tinyurl.com/curseknowledge。

Chapter 2　「利益」，讓讀者心動的文字祕密
1. 這句話的原型來自於1940年代，美國推銷員艾瑪・惠勒（Elmer Wheeler）。但實際上他說的是，「賣的不是牛排，而是煎牛排的滋滋作響！」
2. 「在Aldi和Lidl的顧客中，有三分之一的人屬於中上層階級」，*The Telegraph*，2015年3月15日。

Chapter 3　由內而外，了解你的目標讀者
1. 這是柯維的《與成功有約：高效能人士的七個習慣》（*The 7 Habits of Highly Effective People: Powerful Lessons in Personal Change*）中提到的第五個習慣。
2. 'Know Your Customers' "Jobs to Be Done"' by Clayton M. Christensen, Taddy Hall, Karen Dillon and David S. Duncan, *Harvard Business*

Review, September 2016 (tinyurl.com/customersjobs).
3. 見tinyurl.com/friedwhy。
4. 更多關於使用者故事和情境故事的詳細解釋，請參考 *Content Design* by Sarah Richards, Content Design London, 2017, pp. 91–108。
5. 'Differential pattern of functional brain plasticity after compassion and empathy training' by O.M. Klimecki, S. Leiberg, M. Ricard and T. Singer, *Social Cognitive and Affective Neuroscience,* vol. 9(6), 2014, pp. 873–879.
6. 更準確地說，這句話出現在尼恩的著作《牛頭怪的誘惑》(*The Seduction of the Minotaur*)，為書中角色的反思。而尼恩表示這句話出自猶太教寶典《塔木德》。
7. 至於為什麼行銷人員更應該關注消費者的行為，而不是他們說的話，請參考'The margarine test: why marketers must look at what people do rather than what they say' by Richard Shotton, *The Drum*, 14 November 2017。
8. 關於年輕人如何同時想融入團體和突顯特色的研究，見'How national culture impacts teenage shopping behavior: Comparing French and American consumers' by Elodie Gentina, Raphaëlle Butori, Gregory M. Rose and Aysen Bakir, *Journal of Business Research*, 2013.
9. 有關英國中產階級詳細且非常有趣的人物誌，見 *The Middle Class Handbook*, Not Actual Size, 2010。
10. 參閱 *Thinking, Fast and Slow* by Daniel Kahneman, Penguin, 2012, p. 158ff。

Chapter 5　8大標題設計技巧，讓下標變得簡單

1. *Ogilvy on Advertising* by David Ogilvy, Prion, 2014, p. 71.

Chapter 6　架構抓得好，文案垮不了

1. *Breakthrough Advertising* by Eugene M. Schwartz, Bottom Line Books, 2004.
2. 'The Magical Number Seven, Plus or Minus Two: Some Limits on Our Capacity for Processing Information' by George A. Miller, *Psychological Review*, 1956.
3. 有關視覺內容，尤其是圖片如何幫助你進行更深入的交流討論，見 *The Back of the Napkin: Solving Problems and Selling Ideas with Pictures* by Dan Roam, Marshall Cavendish Business, 2009。

Chapter 8　原來，創意鬼才是這樣發想的

1. *How to Do Better Creative Work* by Steve Harrison, Pearson Education, 2009.
2. *A Smile in the Mind: Witty Thinking in Graphic Design* by Beryl McAlhone, David Stuart, Greg Quinton and Nick Asbury, Phaidon, 2016.
3. 更多關於創意的見解，請參考 *Hey Whipple, Squeeze This!* by Luke Sullivan, John Wiley, 2016, and *One Plus One Equals Three* by Dave Trott, Pan Macmillan, 2016。
4. *A Technique for Producing Ideas* by James Webb Young, Stellar Editions, 2016.
5. 參考 Brainpickings.org。
6. 參考 farnamstreetblog.com。
7. 參考 99percentinvisible.org。

8. 如需激發創意的點子寶庫，見 The Art of Looking Sideways by Alan Fletcher, Phaidon, 2001。
9. MOT是英國政府的驗車檢查，旨在確保汽車的安全性能。
10. 請至 https://www.youtube.com/watch?v=w9ogzVyTtcw 觀看這則廣告。
11. 你可以在 https://radix-communications.com/the-periodic-table-of-b2b-marketing-cliches/ 上找到完整的列表。
12. 'No laughing matter: why advertising isn't funny anymore' by Paul Burke, *Campaign*, 11 May 2017.
13. 美式英語最接近的字眼是同樣令人反感的skank。
14. 想了解更多如何（在文案和其他領域）智勝競爭對手的資訊，請參考 *Predatory Thinking* by Dave Trott, Pan Macmillan, 2013。
15. 'How to write an award-winning* annual report' by Nick Asbury, *Creative Review*, 6 September 2016.
16. 廣告網址：tinyurl.com/sorryspent。這些廉價禮物確實存在，並且可供販售。
17. 見 tinyurl.com/asdatweet 上的推文。
18. 見 tinyurl.com/royaljordanian 上的推文。
19. 如果你想要一本蒐羅優秀文案、並由文案作者親自點評的著作，見 *The Copy Book: How some of the best advertising writers in the world write their advertising*, Taschen, 2011。如需附解析的廣告和銷售信函的靈感參考網站，請造訪Swipe-Worthy網站，網址為 swiped.co。Pinterest是另一個瀏覽精選文案例子的好地方。

Chapter 9　寫不下去時，就這樣找靈感

1. *No, No, No, No, No, Yes: Insights Prom a Creative Journey* by Gideon

Amichay. No, No, No, No, No, Yes LLC, 2014.

Chapter 10　讓你的文案，有滿滿的情緒價值

1. www.see-a-voice.org/marketing-ad/effective-communication/readability/
2. www.literacytrust.org.uk/adult_literacy/illiterate_adults_in_england
3. 'Art as Technique' in *Theory of Prose* by Viktor Shklovsky, Dalkey Archive Press, 1993.
4. 可在tinyurl.com/davidlloydclubs觀看這則廣告。
5. *George Orwell: Essays*, Penguin Classics, 2000.
6. 見《伊索寓言》中的《狐狸和葡萄》和《狼來了》。
7. 要了解更多有關常見詞語背後的故事、神話和含義，見*Brewer's Dictionary of Phrase and Fable* by Ebenezer Cobham Brewer, Chambers, 2013年。
8. 「如果讀起來容易，做起來也容易，給人的感覺也是漂亮、舒服且真實的。」by Hyunjin Song and Norbert Schwarz, *The Psychologist*, vol. 23, February 2010, pp. 108–111.
9. *Such Stuff as Dreams: The Psychology of Fiction* by Keith Oatley, Wiley, 2011.
10. 你可以至https://www.innocentdrinks.co.uk/a-bit-about-us閱讀全文。
11. 更多有關寫好故事的技巧，請看我的部落格文章：abccopywriting.com/goodstory。

Chapter 11　好文案，是改出來的

1. 請參閱他在2013年文案撰寫會議上的主題演講：tinyurl.com/davetrott。
2. 'Consequences of erudite vernacular utilized irrespective of necessity:

problems with using long words needlessly' by Daniel M. Oppenheimer, *Applied Cognitive Psychology*, vol. 20(2).
3. *Content Design* by Sarah Richards, Content Design London, 2017, p. 37.
4. 更多有關簡單寫作的建議,見*Plain Words* by Ernest Gowers and Rebecca Gowers, Penguin, 2015, and *The Elements of Style* by William Strunk Jr. and E.B. White, Pearson, 1999 (often Known as 'Strunk and White')。
5. *Ugly Is Only Skin-Deep: The Story of the Ads that Changed the World* by Dominik Imseng, Matador, 2016, p. 58.
6. 見tinyurl.com/govuk25上的部落格文章。
7. 本書的閱讀舒適分數是68,閱讀年齡為12.4歲。
8. 'Ladder to Nowhere' by Dave Trott, *Campaign*, 10 August 2017.
9. 要了解更多內容並在2分鐘內獲得豐富見解,見tinyurl.com/tonybrignull。
10. 更多有關撰寫短篇文章的資訊,見*Microstyle: The Art of Writing Little* by Christopher Johnson, W.W. Norton & Company, 2012, and *How to Write Short: Word Craft for Past Times* by Roy Peter Clark, Little, Brown US, 2014。
11. 關於注意力持續時間縮短的統計資料受到廣泛引用,但卻缺乏有力的證據支持。見Busting the attention span myth by Simon Maybin, BBC, 10 March 2017(tinyurl.com/attentionmyth)。
12. *Ogilvy on Advertising* by David Ogilvy, Prion, 2007, p. 88.
13. 'How Silent Is Silent Reading? Intracerebral Evidence for Top-Down Activation of Temporal Voice Areas during Reading' by Marcela Perrone- Bertolotti et al., *Journal of Neuroscience*, 5 December 2012,

vol. 32(49) pp. 17554–17562

14. 'Birds of a Feather Flock Conjointly (?): Rhyme as Reason in Aphorisms' by Matthew S. McGlone and Jessica Tofighbakhsh, *Psychological Science*, 1 September 2000. Cited in 'Is Rhyme Past Its Prime?' by Richard Shotton, *The Drum*, 22 July 2017.
15. 如果需要生動有趣的標點符號指南，可以參考 *Eats, Shoots and Leaves* by Lynne Truss, Fourth Estate, 2009。若需其他參考書籍，見 *New Hart's Rules: The Oxford Style Guide*, OUP, 2014。

Chapter 12　心理武器在手，說服人心不愁

1. *Influence: The Psychology of Persuasion* by Robert B. Cialdini, Harper Business, 2006.
2. *Think Small: The Surprisingly Simple Ways to Reach Big Goals* by Owain Service and Rory Gallagher, Michael O' Mara Books, 2017.
3. 如需了解更多具有說服力的寫作技巧（不僅限於文案），見 *Can I Change Your Mind?* by Lindsay Camp, A&C Black, 2007。

Chapter 13　文案高手，都是心理學大師

1. 參閱 *Thinking, Fast and Slow* by Daniel Kahneman, Penguin, 2012, pp. 282-286 and elsewhere。
2. 'The Fallacy of Personal Validation: A Classroom Demonstration of Gullibility' by Bertram R. Forer, *Journal of Abnormal and Social Psychology* (American Psychological Association), vol. 44(1): 1959, pp. 118–123.
3. *Teach Yourself NLP* by Steve Bavister and Amanda Vickers, Hodder Education, 2004, p. 195.

Chapter 14　為你的品牌，找到正確的語氣

1. BJ・康寧漢，以創立「死亡香菸」（Death™ Cigarettes）而聞名，這是一個以極端誠實為賣點的香菸品牌。請至 tinyurl.com/bjprofile 閱讀他的個人資料。
2. 見第8章的 Hyposwiss 廣告，這是一個刻意讓品牌聽起來很「有外國腔調」的例子。
3. 請造訪 chicagomanualofstyle.org。
4. 見維基百科文章：tinyurl.com/harvardrefs。
5. *New Kart's Rules: The Oxford Style Guide*, OUP, 2014.
6. 有關創造和使用語氣的詳細指南，見 *Brand Language: Tone of Voice the Wordtree Way* by Liz Doig, Wordtree & Me Ltd, 2014。

Chapter 16　掌握心法，不管寫哪種文案都上手

1. 更多有關網頁文案寫作的技巧，見 *How to Write Seductive Web Copy* by Henneke Duistermaat, Enchanting Marketing Ltd, 2013.
2. 有關撰寫銷售信函的全方位指南，見 *How to Write Sales Letters that Sell* by Drayton Bird, Kogan Page, 2002.
3. 見 tinyurl.com/mailchimpab。

我把筆交到了你的手上，
接下來的空白頁面要寫什
麼，就看你了。

全書完

文案寫作上手的第一本書
Copywriting Made Simple: How to Write Powerful and Persuasive Copy that Sells

作　　者	湯姆・奧爾布萊頓（Tom Albrighton）
譯　　者	黃庭敏
主　　編	呂佳昀

總 編 輯	李映慧
執 行 長	陳旭華（steve@bookrep.com.tw）

出　　版	大牌出版 / 遠足文化事業股份有限公司
發　　行	遠足文化事業股份有限公司（讀書共和國出版集團）
地　　址	23141 新北市新店區民權路 108-2 號 9 樓
電　　話	+886-2-2218-1417
郵撥帳號	19504465 遠足文化事業股份有限公司

封面設計	FE 設計
排　　版	新鑫電腦排版工作室
印　　製	博創印藝文化事業有限公司
法律顧問	華洋法律事務所　蘇文生律師

定　　價	480 元
初　　版	2025 年 4 月

有著作權　侵害必究（缺頁或破損請寄回更換）
本書僅代表作者言論，不代表本公司/出版集團之立場與意見

© 2018 ABC Business Communications Ltd
Originally published under the title: Copywriting Made Simple: How to write powerful and persuasive copy that sells
Complex Chinese translation rights arranged through The PaiSha Agency.
Traditional Chinese edition copyright:
2025 STREAMER PUBLISHING, AN IMPRINT OF WALKERS CULTURAL CO., LTD.
All rights reserved.

電子書 E-ISBN
9786267600511（EPUB）
9786267600504（PDF）

國家圖書館出版品預行編目資料

文案寫作上手的第一本書 / 湯姆・奧爾布萊頓（Tom Albrighton）著；
黃庭敏 譯 . -- 初版 . -- 新北市：大牌出版，遠足文化發行，2025.04
368 面；14.8×21 公分
譯自：Copywriting made simple : how to write powerful and persuasive copy that sells
ISBN 978-626-7600-52-8（平裝）
1. CST: 廣告文案　2.CST: 廣告寫作